宝贝·爱吃

畅销
升级版

国家高级营养师
子瑜妈妈
著

浙江出版联合集团
浙江科学技术出版社

图书在版编目（CIP）数据

宝贝·爱吃：畅销升级版 / 子瑜妈妈著. — 杭州：浙江科学技术出版社，2015.12
 ISBN 978-7-5341-6933-5

 Ⅰ. ①宝… Ⅱ. ①子… Ⅲ. ①儿童 - 食谱 Ⅳ. ①TS972.162

中国版本图书馆 CIP 数据核字（2015）第 231107 号

书　　名	宝贝·爱吃(畅销升级版)	
著　　者	子瑜妈妈	

出 版 发 行　浙江科学技术出版社
　　　　　　杭州市体育场路 347 号　邮政编码：310006
　　　　　　办公室电话：0571-85176593
　　　　　　销售部电话：0571-85176040
　　　　　　网　　址：www.zkpress.com
　　　　　　E-mail：zkpress@zkpress.com

排　　版	杭州兴邦电子印务有限公司			
印　　刷	杭州下城教育印刷有限公司			
经　　销	全国各地新华书店			
开　　本	710×1000　1/16	印　张	14	
字　　数	200 000			
版　　次	2015 年 12 月第 1 版	印　次	2015 年 12 月第 1 次印刷	
书　　号	ISBN 978-7-5341-6933-5	定　价	39.80 元	

责任编辑　王巧玲		**责任美编**　金　晖	
责任校对　梁　峥		**责任印务**　徐忠雷	
特约编辑　高　婷			

2008 年，当我成为一名全职太太的时候，我决定将这个角色扮演好，照顾好辛苦工作的老公和牙牙学语的孩子，希望老公身体棒棒，希望孩子茁壮成长，我要让他们每天都过得很幸福。这一切都切切实实地落到了生活中的每一天。每一天，都要过好，除了洗洗晒晒，更多的时候，我会捣鼓着孩子和老公的饮食。

每天我都在想怎么将菜做得荤素合理、营养丰富且美滋美味。也许做不到每一道都搭配合理、营养丰富，但是我会不断地去学习和完善。当老公辛苦对着电脑工作一天眼睛干涩时，我会煮上一碗南瓜胡萝卜明目羹；当孩子咳嗽有痰的时候，我会炖上一小碗冰糖雪梨；当自己情绪低落没胃口的时候，我会熬上一碗酸鲜可口的开胃羹……

2011 年，我的第一本书《宝贝·爱吃》出版了，她就像是我的第二个孩子，懵懂地来到这个世界。61 道美食，包含了我对孩子所有的爱，我希望这份爱也能传递到更多妈妈的手中，当孩子挑食、生病、营养不平衡、想吃零食的时候，都可以拿来翻阅一下。

时间在流逝，我也在不断成长。2015 年，我们对原书进行了再版升级。新的《宝贝·爱吃》采用了全新的版式，版面更加时尚、合理；保留了原书贴近生活的章节设置，对原书中的菜品进行了完善，新增了 51 道新的菜品，使内容变得更加丰富、全面；同时还新增了 5 年来子瑜妈妈积累的美食育儿心得。相信拿到书的你一定能看到子瑜妈妈和这本书的成长。

想要不生病，先把吃管好！每一个孩子，都是妈妈最心爱的宝贝，宝贝爱吃，宝贝健康，是妈妈最大的心愿！

愿全天下妈妈的心愿都能成真……

子瑜妈妈
2015 年 8 月

目 录
Contents

父母应该知道的儿童膳食原则 12 / 如何让孩子爱上吃饭 15

PART 1 对付挑食的孩子有办法

番茄黄金盅 19
番茄做的小小碗

可爱南瓜饼 21
小小南瓜圆滚滚

虾肉小馄饨 22
我聪明，我健康

西蓝花小王子 25
爱上萌萌的西蓝花

包菜肉糜卷 27
躲进包菜的怀抱

虾仁酿香菇 29
香菇做的小小船

白菜创意烧卖 31
大白菜的华丽变身

青椒土豆泥 32
打败青椒"妖怪"

开心饭团 35
卷起来的饭团

五谷虾球 37
跟虾仁躲猫猫

紫甘蓝剪刀面 39
紫色的面条真温柔

紫薯饭团 41
饭团躲进紫薯里

彩色的饺子 43

多彩的面食乐园

胡萝卜蔬菜肉包 45

一个包子解决所有问题

土豆饼 49

土豆拍拍扁

芝士焗红薯 50

藏在薯心里的甜蜜

桂花紫薯冻 52

紫薯花儿朵朵开

五色汤圆 55

汤圆不只是白色的

鲜肉汤圆 57

绿色好心情

漂亮的花卷 59

面食换换做

芝士焗土豆泥 62

土豆的洋气吃法

芝麻馒头 65

芝麻喷喷香

花朵三明治 66

带着花朵去郊游

白菜水饺 67

萌萌的大白菜

芝士焗香菇 69

香菇新吃法

彩色花朵面片 71

给面片拗造型

南瓜蒸蛋羹 73

有料的小南瓜

青椒胡萝卜山药泥 75

红绿配，好滋味

PART 2 新手妈妈简单菜，营养多多，身体壮壮

蛋丝鸭血滚豆腐 79
鸡蛋与豆腐的热舞

豆干虾仁手卷 81
卷起来吃的虾仁

葱油猪肝 82
菠菜与猪肝的碰撞

豆腐鲜虾汤 85
给你妈妈的温暖

香煎时蔬 86
鲜蔬好滋味

纯天然钙粉 87
"味精"自己做

奶香骨头汤 89
给"小树苗"补钙

奶香明目羹 91
让眼睛更明亮

蔬菜炒鸭肝 93
不容忽视的补锌佳品

猪肝彩椒窝窝头 95
藏在窝窝头里的秘密

荷塘小炒 97
时令鲜蔬，脆爽可口

板栗蔬菜骨头煲 99
秋日里的一碗时令好汤

滑嫩蒸肉饼子 101
爱吃肉肉，能量多多

鲫鱼豆腐汤 103
高蛋白的完美搭档

芦笋虾球 105
美丽的养生菜

山药本鸡煲 107
荤素齐全，简单方便

蔬菜牛肉丁 109
好吃、好营养的牛肉

虾皮水蒸蛋 111
"拔"个子的时候要补钙

红烧鸡翅中 113
最家常的简单美味

新凉拌三丝 114
简单小清新

水果酸奶沙拉 115
换个方式吃水果

五福临门 117
做道团圆吉祥菜

炒粉干 119
鲜美一锅端

意式番茄酱 121
披萨、意面好搭档

牛油果三明治 123
清新的简易餐

南瓜蒸百合 124
南瓜的简易吃法

虾蒸肉 125
当虾仁遇到肉丸

PART 3　孩子生病了吃什么?

桂花藕粉糊 128

肠胃炎初期饮食调整

陈皮炖梨 129

止咳润肺民间方 1

大米浓汤 130

朴实无华,简单疗愈

新鲜橙汁 131

预防感冒

川贝炖雪梨 133

止咳润肺民间方 2

甘蔗马蹄饮 135

清热、生津、止渴

金橘酱 136

止咳润肺的果酱

秋梨膏 139

止咳润肺民间方 3

香醇小米粥 141

小儿腹泻时的主食良品

生姜葱白红糖饮 142

预防感冒的简易高招

罗汉果炖雪梨 143

风热感冒时可以试试

萝卜子排煲 145

增强体质

番茄牛肉羹 146

营养全面，增强体质

怀山莲藕骨汤 149

脾胃虚弱的调理好汤

山药枸杞煲牛腩 151

普通食材，健脾好汤

红豆薏米莲子茶 152

健脾祛湿饮品

红枣胡萝卜山药粥 153

健脾好粥 1

山药薏米粥 154

健脾好粥 2

茯苓芡实小米粥 155

健脾好粥 3

PART 4　一菜两做，物尽其用

虾头炸虾油，虾仁炒鸡蛋 158

虾头、虾壳有妙用

鱼肉切片吃，鱼骨熬汤 160

一条鱼，熬汤、片肉各有风味

奶香玉米棒＋奶香玉米饮 162

香甜玉米两种吃法

肉包子＋肉饼子 164

对付多余肉馅有办法

青菜面 + 青菜饼 167
青菜的两种创意吃法

营养鸡汤 + 椒盐鸡架 170
鸡两吃，滋补香脆两种风味

PART 5 给孩子做的零食

盐焗鹌鹑蛋 175
盐粒孵出了美味

冰糖葫芦串 177
童年的美好回忆

彩色水果捞 178
水果的变装派对

蒸马蹄 179
长身体的简单零食

芒果西米捞 181
QQ 弹弹，酸酸甜甜

最爱吃的汉堡 182
吃得饱饱，身体壮壮

娃娃饼干 184
面团里的童趣

切达芝士酥 186
低糖补钙的饼干

喷香猪肉脯 188
馋嘴零食自己做

电饭煲蛋糕 190
用电饭煲也能做蛋糕

鲜肉酥饼 193
酥酥的美味

神奇铜锣烧 197
哆啦 a 梦的最爱

蔓越莓饼干 198

酸酸甜甜小饼干

胡萝卜干 200

换种方法吃胡萝卜

黄桃罐头 201

水果罐头自己做

米奇花生酱饼干 202

我们大家都爱米奇

芝麻核桃牛轧糖 205

甜蜜的童年记忆

樱桃酱 207

面包健康好搭档

天鹅泡芙 209

湖光掠影中的优雅

香草冰淇淋 211

懒人冰淇淋做法

芒果颗粒冰淇淋 212

芒果香甜凉丝丝

甜甜圈 214

香甜酥脆的圈圈

牛奶布丁 216

奶香浓郁，口感香醇

山药枣泥饼 219

软软糯糯，甜而不腻

纸杯蛋糕 221

可爱小巧的小食

彩色棒棒糖花卷 223

创意花卷做法

父母应该知道的
儿童膳食原则

在这里，我提到的孩子是指 3 岁以上的儿童。这个时期的孩子，身体处于生长发育之中，作为家长的我们，应该为孩子做点什么呢？如何才能让孩子茁壮地成长呢？

首先，我们需要每日给孩子补充足够的能量和充足的营养。营养、全面的膳食，可以有效地促进孩子的身体、智力发育，维持其生理功能，维持其心理健康，还可预防疾病的发生。

其次，我们应该了解到底该给孩子吃点什么。2007 版的《中国居民膳食指南》有 10 条，其中 9 条是适合儿童的，作为父母也应该了解一下，并且积极努力地去做到：

① 食物多样，谷类为主，粗细搭配。

② 多吃蔬菜、水果和薯类。

③ 常吃奶类、大豆或其制品。

④ 常吃适量的鱼、禽、蛋和瘦肉。

⑤ 减少烹调油用量，吃清淡少盐膳食。

⑥ 食不过量，天天运动，保持健康体重。

⑦ 三餐分配要合理，零食要适当。

⑧ 每天足量饮水，合理选择饮料。

⑨ 吃新鲜、卫生的食物。

那么，什么才叫适量、少盐、常吃、少吃呢？具体该怎么把握呢？中国营养学会专家委员会在出版了《中国居民膳食指南》之后，又详细地推出了"平衡膳食宝塔"，我们可以按照最新版的宝塔图（右图），帮孩子养成良好的膳食习惯（以下参考数据是针对成人的，儿童可以相对略少点）。

膳食宝塔一共分为 5 层，底层为第一层，每

人每天应该吃谷类、薯类及杂豆 250 ～ 400 克，水 1200 毫升；第二层，每人每天应该吃蔬菜 300 ～ 500 克，水果 200 ～ 400 克；第三层，每人每天应该吃鱼虾类 50 ～ 100 克，畜禽肉类 50 ～ 75 克，蛋类 25 ～ 50 克；第四层，每人每天应该吃奶类及奶制品 300 克，大豆类及坚果 30 ～ 50 克；第五层为塔尖，每人每天吃油脂类应该不超过 30 克，盐不超过 6 克。另外要求每天运动 6000 步。

解决了孩子每天该吃点什么的问题，接下来，我们家长还应该了解如何让孩子正确地吃。

1. 一日三餐要按时。

一般早上 6:30 ～ 8:30 适合吃早餐，早餐的摄入量控制在全天总摄入量的 25% ～ 30%；中饭最好在 11:30 ～ 13:30 吃，摄入量控制在全天总摄入量的 30% ～ 40%；晚餐最好在 18:00 ～ 20:00 吃，摄入量控制在全天总摄入量的 30% ～ 40%；上午和下午可以适当吃点健康的零食当点心。一日三餐，每餐的进食时间不要超过 30 分钟，吃饭席间应该安静，心情愉悦，父母最好每天至少能有一餐是陪着孩子一起吃的。吃饭期间，鼓励孩子自己动手，每种食物都尝尝。

2. 少吃、正确吃零食。

零食最好不吃，如果要吃，建议家长尽量自己动手做零食。碳酸饮料、高糖饮料和含色素的饮料对孩子的身体不好，所以最好不要给孩子吃，取而代之的可以是牛奶、酸奶、现榨果汁等健康饮品。给孩子吃零食的时候也要将零食的能量摄入算在全天的总摄入量里面。在零食的选择上，如果早上主食吃得比较少，那在上午课间可以适当吃点饼干、面包等补充能量的零食。如果一日三餐都没有水果食入，则可在下午课间喝点果汁或者吃个水果。此外，吃零食的数量和时间也应该控制，数量不要太多，时间最好选在两顿正餐之间。

3. 杜绝暴饮暴食。

儿童的肠胃比较娇弱，如果一次吃太多、太杂，超负荷食入，破坏了平时养成的定时、定餐、定量的膳食习惯，那么孩子的肠胃必然会遭殃。所以千万不要让孩子看到喜欢的就大吃特吃。

4. 保证孩子经常进行户外运动。

很多家长认为，孩子吃得越多越好，于是，孩子便吃成了小胖子。其实，做个小胖子并不好。肥胖会诱发多种疾病，所以请千万记得合理安排孩子的膳食，多陪孩子到户外运动，保持身体能量的收支平衡，这样孩子才能壮而不胖，健康成长！

5. 作为父母，我们要责无旁贷地关心孩子每个阶段的成长，定期体检，测量孩子的身高、体重，了解孩子的发育状况。

感谢你认真看完全文，祝愿我们的孩子都能健康、快乐、茁壮地成长！

如何让孩子
爱上吃饭 （适合 6 岁以上孩子的家长阅读）

前几天，我的孩子兴奋地跑来跟我说："我长六龄齿了！我长六龄齿了！"仔细一看，果然有颗大牙冒白了。

她兴奋地说着，六龄齿要好好地保护，每天都要认真刷牙，要用一辈子的，还叫我带她去做窝沟封闭（在这里，要感谢幼儿园的老师教了她很多生活常识、安全知识，这些孩子会一生受用）。

我的孩子今年 7 周岁，换了 7 颗牙齿，六龄齿也开始萌出。今年上半年，她在吃饭这一点上给我最大的感触就是：比以前能吃很多，什么都爱吃了，长高长壮的速度也快了。这得归功于牙齿和肠道的进一步发育。

今天，再来谈谈如何让孩子爱上吃饭这个话题。生长发育正常的孩子到了 7 岁左右，肠道发育更完善，磨牙能更好地磨碎各种食物，身体生长处于旺盛期，食欲自然会更好。再加上 7 岁的孩子应该要上小学了，上小学后,学校有严格的作息时间、午餐时间，学习压力一大，肚子一会儿就饿了，中午饭会吃得更好的。

总之，各种不好好吃饭的孩子，到了这年纪，大人们都应该可以放心了。

但是还是会有各种特殊情况，如果孩子体弱多病，胃口也差，吃的食物又挑剔，那该怎么办呢？

我归纳了以下几个方面的解决方法：

1. 及时就医。

孩子都 7 岁了，养了 7 年了，首先总结下 7 年来她是怎么吃的，吃的是什么，自己有什么经验或者教训等；其次，对于身体瘦弱的孩子，要带去医院看下营养科，听听医生的建议，配合医生的指导，帮助孩子变得强壮起来。有强壮的身体才能好好地投入小学学习生活中去。

2. 巧用造型菜吸引。

体弱多病的孩子一般胃口会差，食物选择也会挑剔，对于这样的孩子除了配合医生治疗之外,我们家长可以多花点心思做些造型菜,学点新菜式，给孩子开开胃（正常发育的孩子可不要没事就给他搞造型哦，不然会宠坏孩子的）。

3. 增强体育锻炼。

有句老话叫"生命在于运动"，很土很经典！每天跑跑跳跳的孩子，一般身体都很强壮，这就是运动的重要性。身体瘦弱的孩子的家长可以仔细回想下自己的孩子每天有没有足够的运动时间。孩子每天放学后可以到户外骑车、跳绳、和小朋友追逐玩耍，出身汗，喝杯水，是很好的生活习惯。

4. 充足的睡眠。

睡眠可以恢复体力，积蓄能量，对于小孩子来说更是悄悄长身体的时间。重视孩子的睡眠情况，让孩子养成早睡早起的习惯对孩子一生有益。对于喜欢起夜的小朋友，建议睡前不要喝水或饮料，而且应上完厕所后再睡觉。

5. 家人的陪伴，对孩子的成长很重要。

前段时间，跟某位正在研究儿童心理的妈妈聊天，她说有些爱生病的孩子，可能是因为父母对他的学习要求太高，缺少陪伴，在一起的时候又比较在意孩子最近学得怎么样了，成绩如何，所以，孩子潜意识里喜欢生病。生病了，爸爸妈妈就会说关心自己身体的话了，就会多花时间陪在自己身边了，于是孩子就真的生病了。孩子毕竟还是孩子，需要爸爸妈妈的多多陪伴和关心，身心快乐了，才能健康地成长。大多数的家长是双职工，上班之前可以和孩子共进早餐，或者一起做早餐；下班之后可以和孩子一起共进晚餐，聊聊天；傍晚或者晚上可以和孩子多多互动，出门散步；睡前可以一起阅读一本书。

以上为子瑜妈妈一家之言，也许有偏见，欢迎更多朋友分享自己的经验，以便互相学习。

PART 1 对付挑食的孩子有办法

　　挑食会导致营养不良，影响孩子生长发育。所以，我们要帮助孩子改掉挑食的坏毛病，做到什么都爱吃。

　　我们家长平时要做好榜样，要努力帮助孩子养成不挑食的习惯。在这里，子瑜妈妈给大家介绍了一些常见食材的创意做法，这些菜品有些具有可爱的造型，有些具有鲜艳的颜色，有些把孩子不爱吃的食材改头换面，希望能为大家提供一些帮助，也希望每一个孩子都能做到什么都爱吃，健康、快乐地长大。

子瑜妈妈 说营养

鸡蛋的蛋白最易被人体吸收，可以促进孩子的生长发育，蛋黄则可以促进孩子的智力发育。

番茄黄金盅

番茄做的小小碗

材料与步骤

番茄 2 个，玉米适量，鸡蛋 1 个，胡萝卜、葱、色拉油少许

1 准备番茄 2 个，挖去瓤。将胡萝卜切丁，葱切葱花，玉米取粒。

2 将鸡蛋打散，放入锅中煎好备用。

3 锅中放少许油，放入胡萝卜丁和玉米粒同炒。

4 加入煎好的鸡蛋同炒。

5 撒上葱花出锅。

6 将炒好的鸡蛋胡萝卜玉米粒放入番茄容器中。

记住这些小细节

1. 番茄要挑中等大小的，而且大小要匀称，这样放在碗里比较整齐，造型比较好看。
2. 从番茄里挖出来的肉可与鸡蛋、玉米同炒。

可爱南瓜饼

材料与步骤

糯米粉 200 克，小麦淀粉 50 克，蒸熟的南瓜 100 克左右，豆沙馅 200 克左右

1 将南瓜去皮切小块，入蒸锅蒸熟。

2 将蒸熟的南瓜趁热加入糯米粉、小麦淀粉中。

3 和成光滑的面团。

4 将面团分成每个约 50 克的小剂子，按扁，中心放上豆沙馅。

5 用虎口慢慢收口。

6 整成圆形。

7 在面团中间用牙签扎一个小孔。

8 用牙签在面团四周按上竖条。

9 将生南瓜饼放在盘中，底下垫粽叶，上锅用大火蒸 10 ~ 15 分钟即可。

记住这些小细节

1. 南瓜的量要根据其含水量加，水分多的少加点，水分少的多加点。

2. 也可以选其他你喜欢的馅。

3. 小麦淀粉可以使南瓜饼有一定的硬度和光泽，还可以使其口感更滑，不粘牙。

虾肉小馄饨

我聪明，我健康

子瑜妈妈 说营养

虾蛋白含量高，脂肪含量低，又容易消化，对于孩子来说，是再好不过的食物了。我们子瑜小时候经常在吃虾的时候跟我说："我聪明！我健康！"

材料与步骤

明虾 250 克，鸡蛋清半个，小馄饨皮 100 张，葱、姜、料酒、盐、色拉油适量

1 准备好新鲜明虾。

2 剥去虾壳，用牙签挑去里面的泥肠。

3 用葱、姜、料酒腌制。

4 腌好后挑除葱、姜，用刀背将虾剁成颗粒稍粗的虾泥。

5 放入盐、蛋清、色拉油、葱，搅拌上劲后即可用来包馄饨。

6 取一张馄饨皮摊在手心，放上一点馅。

7 包起来后轻轻一捏，馄饨就做好了。

8 把所有的皮都包完。

9 烧开一锅水，下入小馄饨。待水烧开、小馄饨都浮上水面即可捞出盛入碗中。

记住这些小细节

1. 因为在馅里加了蛋清，煮熟后馅会膨胀，所以千万不要放太多的馅，以免馄饨难熟、难吞咽，否则孩子吃时容易卡喉。

2. 小馄饨的保存：在托盘底撒上干粉，将包好的馄饨互不粘连地放置在托盘上，放入冰箱冷冻。一个小时后将全部冻硬的馄饨取出来，装入保鲜袋，再放入冰箱冷冻保存即可。

子瑜妈妈 说营养

　　西蓝花中的营养成分十分全面。大家知道番茄、辣椒等是富含维生素 C 的蔬菜，其实西蓝花的维生素 C 含量比它们都要高，也明显高于其他普通蔬菜。这么好的蔬菜，当然要给孩子吃。

西蓝花小王子

材料与步骤

西蓝花 100 克，五花肉 250 克，料酒 5 毫升，葱末 3 克，盐 2 克，干淀粉 5 克

1 将西蓝花洗净，用手掰成小朵，放置一旁备用。

2 将五花肉去皮切成末，加入料酒、葱末、盐和干淀粉，搅拌均匀。

3 取 30 ～ 40 克肉末搓成丸子，插入西蓝花。将所有的做好，码放到盘中。

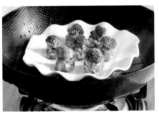

4 取一只蒸锅加入水，待水烧开后，将盘子放入蒸锅，盖上盖子大火蒸 5 分钟。

5 蒸好后，将盘子中的汤水倒入备好的空锅。加入 1 小勺水淀粉勾芡，淋在西蓝花丸子上即可。

记住这些小细节

1. 西蓝花焯水后颜色会比较绿，但是焯水会带走西蓝花的一部分水溶性维生素。

2. 蒸制时间 5 分钟足够了，不然菜会变黄，肉会变老。

3. 这里用的水淀粉就是 5 克干淀粉兑 20 毫升左右清水。

包菜肉糜卷

躲进包菜的怀抱

材料与步骤

肉末 100 克（加半个蛋清、盐和料酒调味），包菜叶 6 ~ 7 片，盐、色拉油、番茄汁适量

1 准备好肉末与包菜。

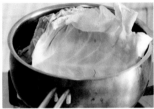

2 水中加点盐、油，将包菜叶烫软后立即捞出。

3 将肉末整齐地码在包菜叶上。

4 用包菜叶将肉馅包好。依次做好所有的。

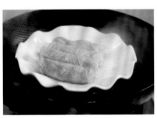

5 将包菜卷整齐地码在盘中。蒸锅加水，用大火烧开后将包菜卷放入锅内蒸。

6 蒸约 5 分钟后出锅，将汤汁倒回锅中勾个薄芡，淋在包菜卷上，最后淋上番茄汁。

记住这些小细节

1. 也可以用豆腐皮、千张皮、白菜叶代替包菜叶来制作这道菜。
2. 不放心的话可以延长蒸制时间，但叶子容易发黄。
3. 叶子中包入的肉馅不要太多，10 克左右即可。

虾仁酿香菇

香菇做的小小船

材料与步骤

干香菇 10 个，虾仁 100 克，猪里脊肉 100 克，鸡蛋清半个，色拉油 15 毫升，盐 1 克，料酒适量

1 将干香菇泡发好，去蒂，挤干水分。

2 将猪里脊肉切成末，再放入虾仁。

3 将虾肉与猪肉一起剁成颗粒状。

4 将肉末放入碗中，加入盐、色拉油、半个鸡蛋清、料酒，搅拌均匀。

5 将馅填在香菇上。

6 将香菇整齐地摆在盘中，入蒸锅用大火蒸。水开后再蒸 5 分钟即可出锅。

7 另取一锅，将蒸出来的汤水倒入锅中，勾一个薄芡，淋在蒸好的虾仁香菇上。可再点缀些绿色的菜叶子。

记住这些小细节

1. 可以选用五花肉来制作肉末，口感会比较滋润；若选用里脊肉，则必须添加蛋清和色拉油。

2. 香菇要大小一致，建议洗干净后再浸泡，这样浸泡过的水和切下的香菇蒂可以用来烧其他的菜、汤等，物尽其用。

3. 蒸的时间不要过长，不然虾仁和肉末吃起来容易出渣，小孩子吃时可能会吐出来的。

白菜创意烧卖

大白菜的华丽变身

材料与步骤

白菜叶 4 ~ 5 片，葱少许，猪肉 200 克，香菇 50 克，胡萝卜 50 克，鸡蛋清 1 个，盐、料酒、鸡精少许

1 准备好大白菜和葱。

2 将猪肉、香菇、胡萝卜等材料切末。

3 将白菜叶和葱在水中焯 15 秒左右，变软即可捞出。

4 将猪肉末、香菇末、胡萝卜末拌匀，加盐、料酒、蛋清和鸡精后搅拌上劲。

5 将肉馅用白菜叶包起来，用葱扎好。

6 将白菜烧卖放入锅中，上汽后大火蒸 8 分钟出锅。

7 可用生抽做蘸酱，味道更鲜美。

记住这些小细节

1. 蒸的时间不要超过 8 分钟，否则馅会老、叶会黄。
2. 在焯白菜叶的时候水里一定要加点油，可以保持叶子的颜色。

青椒土豆泥

子瑜妈妈 说营养

其实在蜡笔小新眼中的 "妖怪" 青椒有着极高的营养价值，它富含维生素 C，可以帮助孩子提高免疫力，促进铁的吸收，预防贫血，让孩子健康地成长。

材料与步骤

土豆1个，青椒1个，胡萝卜半个，盐、芝麻油适量

1 准备好青椒、土豆和胡萝卜。

2 将土豆去皮切小块，蒸熟后倒入保鲜袋，碾压成泥。

3 将胡萝卜和青椒切末。

4 将胡萝卜、青椒末倒入锅中炒熟。

5 将土豆泥和胡萝卜、青椒、盐、芝麻油放在一只碗中。

6 将所有材料拌匀。

7 准备好各种饼干模具。

8 将混合好的土豆泥填入模具中，压实后再脱模即可食用。

记住这些小细节

1. 如果没有模具，也可以用自己的手捏出创意形状。饼干模具可以网购。
2. 在套模的时候需要在模具内壁抹上一层芝麻油，这样比较容易脱模。

开心饭团

卷起来的饭团

材料与步骤

温的米饭1小碗，鸡蛋1个，胡萝卜50克（小半个），芦笋3根，黑、白芝麻共20克，紫菜2～3张，盐、色拉油少许

1 准备1碗温的米饭，将鸡蛋打成蛋液，将胡萝卜、芦笋切末，将芝麻炒熟。

2 锅中加少许油，加入胡萝卜和芦笋末炒熟，再倒入蛋液，炒熟后出锅。

3 将步骤2的材料倒在米饭上，撒上准备好的黑、白芝麻，加点盐调味。

4 戴上一次性手套，用手将所有食材抓匀。

5 准备好寿司帘，铺上保鲜膜和紫菜，将拌匀的米饭铺在紫菜上。

6 将米饭和紫菜卷起来，切段后即可食用。

记住这些小细节

1. 记得紫菜边缘1厘米左右的地方不要铺米饭，这样在卷的时候米饭就不会挤出来了。
2. 在卷饭团的时候，手要用点力，如果卷得太松，饭团容易散开。

五谷虾球

跟虾仁躲猫猫

材料与步骤

超市买的组合装五谷 100 克（也可自己组合），虾 3 只，虾皮粉少许

1 将五谷洗干净，放入电饭煲蒸上。

2 当饭蒸好、电饭煲开关跳起之后，放入 3 只虾，闷 5 分钟。

3 将虾和米饭取出，凉至不烫手，剥去虾壳，留下虾尾部分壳备用。

4 在米饭里拌点虾皮粉。手心放上米饭，然后放上虾，双手配合捏成球即可。

子瑜妈妈 说营养

① 粗粮是非常好的主食，一般都含有丰富的 B 族维生素，还含有较多的膳食纤维，有降脂和通便的功效。平时我们应该给孩子吃点粗粮。但是粗粮一般口感比较粗糙，纤维比较硬，所以做给孩子吃的时候需要提前浸泡，可以使其变得软糯易消化。

② 虾含丰富的钙和蛋白质，特别适合儿童食用。

记住这些小细节

1. 可以用白米饭替代五谷饭，虾皮粉可以不放。
2. 虾很容易熟的，在饭煮好后闷上就可以了。
3. 你可以捏出各种不同的形状，不局限于球形哦！

　　紫甘蓝是一种天然的防癌食物。甘蓝中含有丰富的维生素C、维生素E、维生素U、胡萝卜素、钙、锰以及纤维素。在日常健康食物中，甘蓝在防癌和护肝方面的功能遥遥领先。

紫甘蓝剪刀面

紫色的面条真温柔

材料与步骤

紫甘蓝 100 克，面粉 350 克

1 将紫甘蓝洗干净，切丝后放入搅拌机，再加入同等体积的水打成浆，过滤出紫色汁液。

2 准备好面粉，用紫色汁液和面。一点点加入，这样不会导致水面比例失调。

3 面团要和得比一般做包子的面团硬一点。将和好的面团盖上保鲜膜，醒 15 分钟。

4 再次揉匀面团后，用剪刀剪面团。剪的面块不要太大，不然煮的时候会夹生。

5 可以边剪边煮，将面直接下入开水锅；也可以先剪在盘子里，撒上干面粉摇匀。

6 煮到面块浮起来就可以出锅了。

7 按自己的喜好调味即可。

记住这些小细节

1. 用剪刀剪面的时候，剪出的面块个头要均匀，体积要小点，这样容易熟，而且口感不会太硬。
2. 用其他的蔬菜比如胡萝卜、菠菜等，也可以做出彩色剪刀面。

♥ 特别提醒

这款饭团比较干，需要
配合汤水一起食用，以
免噎住。

紫薯饭团

饭团躲进紫薯里

材料与步骤

紫薯 200 克（3 个），米饭 100 克（1 小碗）

1 将紫薯蒸熟后，装入保鲜袋，按压成泥。

2 将紫薯泥、米饭分别分成 8 等份，搓成小球备用。

3 将紫薯泥小球放在一张保鲜膜上。

4 将紫薯泥按扁，包入小饭球。

5 抓起保鲜膜的四周。

6 将饭团拧成一团，再剥去保鲜膜，用薄荷叶装饰。

子瑜妈妈 说营养

　　紫薯富含纤维素，可促进肠胃蠕动，保持大便畅通。紫薯还含有花青素，而花青素是目前发现的防治疾病、维护人类健康最安全有效的自由基清除剂。

于瑜妈妈 说营养

　　面食可以给孩子提供足够的碳水化合物，让他们有力气长身体。胡萝卜和菠菜可以给孩子提供丰富的维生素，让他们身体棒棒的。

彩色的饺子

多彩的面食乐园

材料与步骤

紫甘蓝 150 克，菠菜 150 克，胡萝卜 150 克，面粉 3 份（各 250 克），鲜肉馅适量

一、制作彩色面团

1 紫甘蓝洗干净后切碎。

2 加入约 150 毫升水，入搅拌机搅打成蔬菜浆。

3 将菜汁过滤出来。

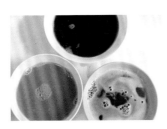

4 依次做好甘蓝汁、胡萝卜汁、菠菜汁。

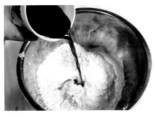

5 以紫色面团为例，将蔬菜汁一点一点加入面粉中。

6 调整干湿度，一般蔬菜汁和面粉的比例为 2：1。将面粉搅拌成面絮。

7 将面絮揉成光滑的面团，盖上保鲜膜醒 15 分钟后取出来揉捏一遍。

8 依次做好所有颜色的面团。

二、包饺子

9 案板上撒干面粉，然后将面团搓成长条，用刀切成每个约10克的小面团。

10 将面团按扁，擀成薄片。

11 将事先准备好的鲜肉馅包入饺子中。

12 包饺子不在于外形，关键在于不露馅。

13 依次做好所有颜色的饺子。

14 烧开一锅水，下入饺子，再次煮开后加入1小碗冷水，等到第三次煮开且饺子浮上水面即可出锅。

依样画葫芦，我们可以做出彩色的面条

做面条的时候，揉面用的蔬菜汁要少加点，这样面团才好揉、好切，面条也才会有筋道。先把面团擀成1～2毫米厚的面片，再折叠起来切成丝，然后将切好的面条抖开，最后撒上干粉防止面条互相粘连即可（具体操作详见第168页）。

胡萝卜蔬菜肉包

一个包子解决所有问题

材料与步骤

包子馅材料：春笋 3 支，鸡蛋 1 个，黑木耳一大朵 50 克，五花肉末 500 克，盐 2 克，料酒 5 毫升，鸡精 3 克，酱油 15 毫升，色拉油 15 毫升，五香粉 1 克，清水 50 毫升

包子皮材料：胡萝卜 1 根，面粉 500 克，酵母 5 克

1 春笋切细丁，黑木耳切小丁，五花肉切末，全部倒入大碗，磕入鸡蛋，加入所有调味料。

2 用筷子朝一个方向搅拌 3～5 分钟即可。

3 将胡萝卜切碎，加上等量的约 35℃的温水，用搅拌机搅打成浆，过滤出汁，加入 5 克酵母，搅拌溶解。

4 盆中倒入 500 克面粉，倒入溶有酵母的胡萝卜汁。

5 将面粉搅拌成面絮。

6 用手将面和成手光、面光、盆光的面团。

7 盖上湿布放温暖处发酵。

8 将面团发至 2 倍大即可。

9 案板上撒干面粉，放上面团，反复揉面排空气体。

10 将面团搓成长条，再切成每个约 50 克的小面团。

11 将面团按扁，放上肉馅。

12 包成包子状即可。

13 在蒸笼布上涂上色拉油，也可用粽子叶、玉米叶、纱布等代替。

14 将包子整齐且保持一定间隔地放在蒸笼里。加盖，15 ～ 20 分钟后开始蒸。

15 冷水上锅，大火蒸 25 分钟，关火闷 5 分钟即可。中途切忌掀开盖子。

记住这些小细节

1. 加胡萝卜汁的时候最好一点点加，方便后期调整，面团太湿可再加点面粉，面团太干和不起来可再加点胡萝卜汁。
2. 包子包好后放上 15 分钟再蒸会比较暄软。
3. 溶解酵母的温度不能高，否则酵母被烫死，面团就发不起来了。
4. 酵母的保质期要看清楚，我有一次不小心用了包过期的，结果半天没发起来，浪费了一锅好面。

土豆饼

土豆拍拍扁

材料与步骤

土豆3个，精肉末、胡萝卜末、葱花、盐适量

1 准备好所有材料。

2 将土豆放入水中煮熟。

3 将土豆剥去皮备用。

4 将肉末、胡萝卜末炒熟。

5 将土豆、肉末、胡萝卜末和葱花放入碗中。

6 加入适量盐，戴上一次性手套用力抓。

7 将土豆泥抓匀。

8 将土豆泥捏成直径5厘米、厚1厘米的小饼。

9 平底锅抹油，将土豆饼煎至两面略金黄即可。

芝士焗红薯

藏在薯心里的甜蜜

♥ 特别提醒

这款甜点热量高，肥胖儿童或有糖尿病倾向的儿童要尽量少吃，一般人也建议适量食用哦。

材料与步骤

梭形红薯 6 个，白砂糖 20 克，黄油 20 克，炼乳 15 克，起司粉 10 克，马苏里拉芝士碎 50 克

1 准备好所有材料。

2 将红薯洗净，放入烤箱中层，上下火 200℃烤 50 分钟。

3 将红薯取出放凉，对半切开，挖出薯泥装入大碗中。

4 在薯泥里加入白砂糖、融化的黄油、炼乳、起司粉、一半的马苏里拉芝士碎。

5 将薯泥及其他材料搅拌均匀。

6 将搅拌好的薯泥装入之前挖空的薯壳中。

7 撒上剩下的马苏里拉芝士碎。

8 将红薯放入烤箱中层，上下火，180℃，烤 10 分钟即可。

9 取出趁热食用。

记住这些小细节

1. 要挑选小巧的、梭形的红薯哦，这样做出来的焗红薯才好看。
2. 红薯必须是烤熟的，不能是蒸或者煮的，因为只有烤的外壳才有型，且不易破。
3. 为了让薯泥更加细腻，最好把薯泥过筛一遍后再使用。

桂花紫薯冻

紫薯花儿朵朵开

材料与步骤

紫薯粉 30 克，清水 200 毫升，鱼胶粉、蜂蜜和干桂花适量

1 将紫薯粉倒入锅中，冲入清水。

2 将紫薯粉搅拌至细腻无颗粒状态。

3 开小火煮，边煮边搅拌，直到面糊变得黏稠。

4 加入鱼胶粉煮至稍浓稠且开始冒小泡泡，关火。

5 待面糊冷却后装入大碗中，入冰箱冷藏。

6 24 小时后取出。

7 用模具将紫薯块切小块。

8 淋上蜂蜜，撒上干桂花，即可开吃。

记住这些小细节

1. 鱼胶粉也可用琼脂、吉利丁片等代替。
2. 如果没有紫薯粉，也可以用新鲜的紫薯泥，但注意应碾压细腻后再用。

特别提醒

儿童请在成人监护下吃
汤圆，吃的量应少。

五色汤圆

汤圆不只是白色的

材料与步骤

紫甘蓝 100 克，清水 100 毫升，糯米粉 250 克，豆沙馅适量

1 准备好材料。

2 将紫甘蓝洗干净，切成丝。

3 用搅拌机将其打成浆。

4 过滤出紫甘蓝汁。

5 将过滤好的紫甘蓝汁与水磨糯米粉混合。

6 用手和面团（汁要一点一点加，直至能揉捏成团）。和好后盖上保鲜膜醒10分钟。

7 将面团分割成约 15 克的小面团搓圆、按扁，包上提前备好的豆沙馅。

8 先将水烧开，再下入汤圆，待汤圆浮上水面后再煮 1 分钟就可以吃了。

汤圆的保存

盘中抹油或撒干粉，或铺上一层保鲜膜。将包好的汤圆放上面，汤圆与汤圆之间要有间隔。入冰箱冷冻仓冻硬，再将汤圆装入保鲜袋中冷冻保存即可。

♥特别提醒

儿童、老人请在监护
下食用汤圆，建议夹
成小块，配汤食用，
预防噎到。

鲜肉汤圆

绿色好心情

材料与步骤

汤圆皮材料：糯米粉 400 克，青菜汁 250 毫升（可用清水代替）

汤圆馅材料：3 ~ 5 分肥的鲜肉末 500 克，葱末适量，盐 3 克，姜粉、大料粉、花椒粉、胡椒粉、草果粉各 1 克（若不加这些，则需要加点料酒去腥）

1 将新鲜肉末装入大碗中，先加入葱末和姜粉、大料粉、花椒粉、草果粉、胡椒粉，再加入盐。

2 用筷子朝一个方向搅拌 2 分钟。

3 将肉末做成每个约 10 克重的肉圆子，尽量做圆整。肉末比较软不好搓，可以先冷藏半小时再搓。

4 将做好的肉圆平铺在保鲜膜上，放入冰箱冷冻至硬。

5 将青菜汁微波加热到 80 ~ 90℃，在 400 克粉中先冲入 200 克热青菜汁，再根据面团的干湿度续加菜汁。

6 面团水分合适的标准是：揉成光滑柔软的面团，不粘手也不会很硬。

7 将和好的面团盖上湿布醒
10 分钟。

8 将面团搓成长条。

9 切成每个 8～10 克的小剂
子。

10 快速地将所有的小剂子放
进盆里，盖上湿布。

11 取出冻硬的肉圆。

12 从盆中取出一个小剂子，
搓圆，按扁，包入一颗冻
硬了的肉圆。

13 收口，搓圆。

14 依次将所有的汤圆做好。

15 烧开一锅水，下入汤圆，
滚开后转小火，煮至汤圆
浮上水面即可。

漂亮的花卷

面食换换做

材料与步骤

面粉 500 克，温水 250 毫升（30℃以下），发酵粉 5 克，葱花、色拉油适量

一、开始揉面

1 将发酵粉用温水溶化后搅拌均匀，倒入面粉中。

2 将面粉搅成面絮。

3 用手揉面。

4 将面粉和到盆光、手光、面光。

5 盖上盖子，放温暖处醒发几个小时。

6 发好的面团是蓬松呈蜂窝状的，一般是原来的 2 倍大。

记住这些小细节

1. 水和面的比例是 1 ：2。
2. 温水的温度不要超过 30℃，否则会把酵母烫死。
3. 发酵好的面团再次回到案板上和时，案板上可以多撒点面粉，防止面团粘案板。
4. 做好造型的包子、馒头或者花卷，都是需要醒 10 分钟后才可以蒸，这样蒸出来的成品会较蓬松、暄软。

二、开始做花卷

7 案板上撒面粉，将发好的面团揉捏排空气体，并分割成7等份。

8 取其中一份搓圆按扁，用擀面杖擀开。

9 准备好色拉油和葱花。

10 将面擀到5毫米厚，在上面刷上一层色拉油，撒上用盐腌过10分钟的葱花。

11 将涂满葱花、色拉油的面片卷起来。

12 切成约4厘米宽的段。

13 将两段上下叠加，用一根筷子往中间一压。

14 这样花卷就做好了。

15 将花卷放进蒸笼，加盖静置15分钟后开大火蒸15分钟,再关火闷5分钟即可。

子瑜妈妈 说营养

花卷、馒头、包子之类是小麦制品，从营养上说，主要补充的就是能量。如果你每天早上只给孩子吃鸡蛋加牛奶，那是不够的，孩子会因没补足能量而没力气走路、上课和玩耍！因此，我们需要给孩子搭配主食，给孩子提供每日必不可少的能量。

芝士焗土豆泥

土豆的洋气吃法

材料与步骤

土豆 1 个，马苏里拉芝士 50 ~ 100 克，洋葱 20 克，胡萝卜 20 克，肉 50 克，青、红椒若干（点缀用），黑胡椒 1 克，盐 1 克，黄油 20 克

1 将土豆去皮切小片，装入碗中。

2 盖上保鲜膜，放入微波炉转 3 ~ 5 分钟，注意看护，防止转过头。

3 将土豆片弄碎，将青、红椒切末。

4 将洋葱、胡萝卜和肉都切成末。

5 炒锅烧热，放入黄油。待黄油融化后放入洋葱末、肉末和胡萝卜末大火炒 1 分钟。

6 倒入土豆泥中。待凉至不烫手时，加入黑胡椒、盐。抓匀成混合土豆泥，装入容器。

7 将马苏里拉芝士铺在土豆泥上，再撒上青、红椒末。

8 将混合土豆泥放入烤箱，180℃，中层，上下火，烤 10 分钟左右。

9 注意观察，看到芝士表面上色即可马上关火。

芝麻馒头

芝麻喷喷香

材料与步骤

面粉 400 克，芝麻粉 60 克，牛奶 220 毫升，砂糖 60 克，酵母 4 克

1 将酵母、牛奶、砂糖混合溶化。

2 将酵母液倒入面粉、芝麻粉中。

3 揉成光滑的面团。

4 将面团放入盆中，盖上盖子发酵。

5 待面团发酵至 2 倍大时取出。

6 案板上撒干面粉，再次将面团揉 5 分钟至光滑。

7 将面团分割成每个约 60 克的小剂子。

8 蒸锅加水，将小剂子搓圆放入蒸锅，底下垫粽叶防粘，再次醒发 20 分钟。

9 醒发完成后开大火蒸 20 分钟即可。

花朵三明治

带着花朵去郊游

材料与步骤

吐司片几片，黄瓜1根，鸡蛋1个，千岛酱适量，火腿片几片

1 用花型切模切出吐司花朵片。

2 将蛋打成蛋液，在平底锅中摊成鸡蛋皮，然后将鸡蛋皮切成小方块。

3 将黄瓜切片，将火腿片切成小块，准备好牙签。

4 取一吐司片，抹上适量千岛酱，放上蛋皮、黄瓜、火腿片，再盖上一层吐司，反复做成3层，用牙签固定即可。

记住这些小细节

1. 吐司和配料可以按自己的喜好改动。

2. 小朋友吃的时候，要注意牙签哦！

白菜水饺

萌萌的大白菜

记住这些小细节

1. 菜汁建议过滤后再使用，过滤后的菜渣可以直接入馅。使用过滤后的汁，面团比较细腻有弹性，含菜渣的话会比较粗糙。
2. 青菜入搅拌机搅拌时可加适量清水，不然容易空转。也可用原汁机直接分离菜汁这样浓度更高，做出来的饺子颜色更绿。
3. 饺子馅的搭配和调味都可以按自己的喜好来。

材料与步骤

绿色面团材料：200 克普通面粉，100 毫升青菜汁或者菠菜汁

白色面团材料：300 克普通面粉，150 毫升清水，1 克细盐

芹菜猪肉馅材料：芹菜 250 克，五花肉末 400 克，小型本鸡蛋 1 个（45 克），胡萝卜 1 小根（50 克），葱 20 克，盐 6 克，姜粉 1 克，白胡椒粉 1 克，大料粉 1 克，黄酒 1 小勺

1 将青菜或者菠菜入搅拌机打成浆，过滤出菜汁。取 100 毫升菜汁冲入 200 克面粉中。

2 和成面团，盖上湿布醒 20 分钟，再次揉面 5 分钟即可。然后做好白色面团。

3 将所有肉馅材料放入大料理盆中，用筷子朝一个方向搅拌 3 分钟即可。

4 案板上撒干面粉，将白面团搓成直径约 1 厘米的长条。再将绿面团搓成等长的条。

5 将绿色长条擀扁擀宽（可在表面拍一点水，让其更有黏性）。将白色长条包入绿面片中。

6 捏紧收口，搓成长条。

7 将长条分成每个约 10 克的小剂子。按扁，擀成饺子皮。

8 包入饺子馅，挤捏成不露馅的饺子即可。

9 烧开一锅水，下入饺子，烧开后加入 1 小碗水，烧开后再加入 1 小碗水，再次烧开后，即可捞出饺子。

饺子的保存

盘子上撒适量干面粉，或者铺上一层保鲜膜，互不粘连地放上饺子后，可入冰箱冷冻 2 小时，冻硬后取出饺子装入保鲜袋，继续冷冻保存即可。

芝士焗香菇

香菇新吃法

材料与步骤

香菇 10 朵，青、红椒各 30 克，培根 2 片，黄油 20 克，香菜 1 根，马苏里拉芝士碎 50 克，盐 2 克，黑胡椒碎 1 克

1 将香菇洗干净，去蒂，平铺在盘中。

2 将培根、青红椒、香菜洗干净切成末，倒入碗中。

3 加入融化的黄油，加入盐、黑胡椒碎、马苏里拉芝士碎，拌匀。

4 将拌好的芝士内馅盛入香菇中。

5 依次做好所有的。

6 送入烤箱，180℃烤 15 分钟即可。

彩色花朵面片

给面片拗造型

材料与步骤

白面团材料：普通面粉 160 克，清水 80 毫升

胡萝卜面团材料：普通面粉 160 克，胡萝卜汁 80 毫升

菠菜面团材料：普通面粉 160 克，菠菜汁 80 毫升

紫甘蓝面团材料：普通面粉 160 克，紫甘蓝汁 80 毫升

1 将各种蔬菜利用原汁机或者榨汁机分离出纯菜汁。

2 以菠菜汁为例，将菠菜汁冲入面粉中。

3 用筷子搅拌成面絮。

4 揉成光滑的面团，盖上保鲜膜醒 20 分钟。依次做好其他颜色面团，并盖上保鲜膜醒 20 分钟。

5 案板上撒干面粉，放上面团，反复揉搓后按扁，擀成 0.15 厘米厚的薄面片，用花朵形切模刀切出面片（也可用普通刀切面片）。

6 将面片晾在撒了干粉的盘上，晾上 1 ~ 2 天就能干透（太阳好的时候晾半天就干透了）。装袋保存即可，随煮随吃。

记住这些小细节

面片一定要做得薄，厚了吃起来口感会偏硬。

南瓜蒸蛋羹

有料的小南瓜

材料与步骤

小金瓜 1 个，鸡蛋 1 个，盐 0.5 克

1 准备好材料。

2 将小金瓜从顶部切开。

3 挖去子。

4 在鸡蛋中加入 0.5 克盐、2 倍体积的清水，打成蛋液。

5 将蛋液倒入小金瓜中。

6 入冷水蒸锅，盖好，大火蒸 15 分钟即可。

记住这些小细节

1. 用蛋壳来接水，4 次正好是 2 倍蛋液的量。
2. 蛋液里还可以按自己的喜好加点其他的料。

记住这些小细节

1. 模具都可以在网络上买到。
2. 山药可以用土豆代替，效果也不错，还可以加入肉末等食材。
3. 山药一定要选择略扁、偏糯的那种。

青椒胡萝卜山药泥

红绿配，好滋味

材料与步骤

山药 250 克，胡萝卜 50 克，青椒 50 克，盐 1 克

1 准备好材料。将胡萝卜、青椒切末备用。

2 将山药去皮洗干净，切小块，入蒸锅蒸 10 分钟。

3 待山药基本冷却后，将其装入保鲜袋，用手或者擀面杖压成泥。

4 在锅中倒点油，加入胡萝卜、青椒末翻炒片刻。倒入山药泥，加入 1 克盐。

5 戴上一次性手套，用手将所有食物抓匀。

6 准备好果冻模，在模具内壁涂上一层香油，然后填入混合山药泥，用勺子压紧。

7 倒扣在盘中。

8 做完即可开吃。

"宝贝爱吃饭" 照片墙

亲爱的宝贝，最喜欢看你乖乖吃饭的模样！

妈妈：@hello-想想

用爱制造每一口妈妈的味道，不忘初心，只愿宝贝健康快乐！

妈妈：@itoy 馒头铺

妈妈的爱，会一直陪伴你！

妈妈：@Pheobe770

祝宝贝们在妈妈的美食和关爱下幸福成长，成为一个内心温暖的人。

妈妈：@Pisces_Kaka

可爱的小精灵！愿你像花儿一样美丽，像阳光一样灿烂！健康快乐地度过每一天！

姐姐：@ 我是小虹

愿豆宝永远健康快乐！

PART 2 新手妈妈简单菜，营养多多，身体壮壮

　　每个人都不是生来就会做菜的，大家都有各自忙碌的事情、各自扮演的社会角色。当你成为妈妈之后，也许需要承担起更多的家庭责任，比如做菜、烧饭。

　　放心，只要有一颗爱家人的心，信手拈来都会是一道充满爱的菜。在这里，子瑜妈妈给大家带来一些简单但注重营养搭配的菜式，希望孩子们吃了能营养多多，身体壮壮。

子瑜妈妈 说营养

　　豆腐的蛋白质含量高，属完全蛋白，不仅含有人体必需的8种氨基酸，而且比例适当，很容易被人体所吸收。

蛋丝鸭血滚豆腐

鸡蛋与豆腐的热舞

材料与步骤

鸭血1块（约200克），嫩豆腐1块（约200克），鸡蛋1个（约50克），盐适量

1 将鸭血用清水洗净，切成方块。

2 将豆腐也切成方块。将鸭血、豆腐分别放入开水中焯水，捞出控净备用。

3 另起一锅烧热，抹上一层油。关小火倒入蛋液，转动锅子将蛋液摊成蛋皮。

4 将蛋皮切成丝。

5 汤锅置火上，倒入高汤烧开，放入鸭血块、豆腐块，煮5分钟。

6 在汤中加入盐等调味，待汤再开时撒入蛋丝。

7 起锅盛入汤碗内即可。

记住这些小细节

如果觉得摊鸡蛋皮有一定难度，可以直接将蛋液倒入汤中，做成蛋花汤也不错。

豆干虾仁手卷
卷起来吃的虾仁

材料与步骤

豆腐干 100 克，虾仁 100 克，盐少许，生菜叶 10 片（1 ～ 2 棵生菜），面皮 10 张（200 克面粉 + 80 毫升热水），番茄汁或酸辣汁少许，色拉油少许

1 面粉加热水和成面团，然后用冷水拍打。再次和好后盖上湿布醒 5 分钟。

2 将面团分割成每个 10 克的小剂子。取两个对叠，中间刷油后按扁，擀大。

3 将面饼下锅，用小火烙至两面略焦后取出，撕开成两片备用。

4 将生菜叶、虾仁、豆腐干洗净备用。

5 锅中放点油，加入豆腐干先炒一下，再加入虾仁同炒，最后放点盐调味。

6 将生菜和豆腐干炒虾仁包入面皮里面，淋上番茄汁或者酸辣酱就可以开吃啦！

记住这些小细节

1. 明虾买来先放冰箱冷冻半个小时后再取出来剥虾壳，会比较轻松。泥肠可以用牙签从背部穿入挑出，也可以用剪刀开背挑出。
2. 觉得做面皮麻烦的话，一般大型的超市可以直接买到半成品的荷叶饼；也可以不裹面皮，直接用生菜裹着吃。

蔥油猪肝

菠菜与猪肝的碰撞

特别提醒

猪肝的胆固醇含量较高，应适量食用。

材料与步骤

猪肝250克，菠菜250克，胡椒粉、料酒、柠檬汁、盐、葱、姜、色拉油少许，干淀粉适量

1 将新鲜的猪肝洗净，切片，再用清水反复清洗至少3次。

2 将猪肝沥去水分，加入适量胡椒粉、料酒、几滴柠檬汁去腥，再加点盐拌匀。

3 加入适量的干淀粉，搅拌均匀，腌制15分钟左右。

4 烧开一锅水，加点葱、姜，将猪肝一片片地投入，汆至全熟后捞出。

5 新鲜的菠菜洗净，留根，将菠菜在淡盐水中浸泡10分钟左右。

6 将菠菜的根部先放入热水中15秒，然后整体焯水。

7 将菠菜铺在盘中，放上猪肝。

8 盖上葱花，淋入生抽。

9 最后淋上七成热的油。

子瑜妈妈 说营养

动物的肝脏含有丰富的铁，有很好的补血作用；含有丰富的维生素A，能保护视力，防治眼睛疲劳干涩；还含有维生素B_2、微量元素等，能够提高机体免疫力。

子瑜妈妈 说营养

　　豆腐和虾都是含钙丰富的食物，尤其适合食补，每天吃一点，胜过吃任何钙片。同样，这道菜所含的蛋白质也相当丰富，动物蛋白和植物蛋白搭配着吃，营养更全面。

豆腐鲜虾汤

给你妈妈的温暖

材料与步骤

豆腐1块，虾300克，蘑菇几朵，胡萝卜50克（小半根），西蓝花几朵，高汤1大碗，色拉油少许

1 准备好所有材料，虾去壳。

2 将蘑菇切片，胡萝卜切块，西蓝花切小朵。

3 将蘑菇、西蓝花、胡萝卜入油锅煸炒一下。

4 加入高汤或清水。

5 加入切成片的豆腐。

6 将虾肉焯熟。

7 将虾肉放入豆腐煲中。

8 煮1分钟左右，菜就可以上桌啦！

记住这些小细节

1. 建议选用老豆腐或者冻豆腐烹制，这样更容易入味，口感也更佳。
2. 也可在出锅前再放蔬菜，这样营养保留得比较全面。

香煎时蔬

鲜蔬好滋味

材料与步骤

杏鲍菇、胡萝卜、西葫芦（这里用了比较嫩的瓠子，皮可去可不去）适量，黄油或橄榄油 20 克、细盐、黑胡椒碎适量

1 将杏鲍菇、胡萝卜、西葫芦洗净，去皮后切成均匀的薄片。

2 平底锅烧热，倒入黄油或者橄榄油，铺入片状时蔬，表面撒上适量细盐和黑胡椒碎。

3 煎熟一面翻过来煎另一面，同样撒盐和黑胡椒碎，煎至软、香、熟之后出锅装盘即可。

纯天然钙粉

"味精"自己做

材料与步骤

虾皮 150 克

记住这些小细节

请大家一定要购买有品牌、有质量保证的虾皮。

1 选择相对干燥、新鲜的淡味虾皮，先放在网勺里用水冲洗一下。

2 仔细挑出杂质，将虾皮洗一下，然后在锅中炒干脱水（可以在太阳下晒干）。

3 放入碾磨搅拌机。

4 磨成虾皮粉，密封保存。

奶香骨头汤

给"小树苗"补钙

材料与步骤

筒骨 1 根，胡萝卜半根，菌菇、青椒适量，牛奶半盒，醋 1 勺，姜片、料酒、盐适量

1 准备好食材，筒骨 1 根切好，洗干净备用。

2 准备大半锅水，将筒骨冷水下锅，加入姜片和料酒。

3 大火烧开后撇去浮沫，放入醋同煮。

4 将菌菇、胡萝卜、青椒切块。

5 小火慢炖 1 个小时后加入菌菇炖 15 分钟。再加入胡萝卜炖 15 分钟，加点盐调味。

6 最后 1 分钟加入青椒。

7 关火前淋入原味鲜牛奶。

记住这些小细节

1. 熬汤需冷水下锅，这样才能使营养充分地溶解到汤里面。
2. 盐和叶类蔬菜都是最后放的。盐放早了会破坏蛋白质，蔬菜放早了会损失维生素。

子瑜妈妈 说营养

　　南瓜、胡萝卜、西蓝花、芝士都含有丰富的维生素 A，可以有效地保护眼睛，增加抵抗力。

奶香明目羹

让眼睛更明亮

材料与步骤

老南瓜 150 克，胡萝卜 100 克，西蓝花和碎核桃仁粒若干，装饰用芝士 1 片（10 克，咸、甜口味的都可以），色拉油少许

1 准备好材料，老南瓜、胡萝卜切薄片。

2 将老南瓜、胡萝卜入油锅翻炒片刻。

3 加水至刚好盖过南瓜，盖上盖子，小火煮 8 分钟左右。

4 加 1 片芝士。

5 搅拌至芝士溶化。

6 倒入搅拌机搅拌 1 分钟。

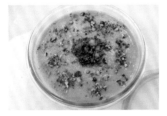

7 再倒入碗中，撒上碎核桃仁粒。中间插上 1 朵熟的西蓝花装饰即可。

记住这些小细节

1. 老南瓜比较甜，可以多放点。芝士宜选择淡口味的，这样不影响整道羹的甜度。
2. 南瓜与胡萝卜炒过后，其脂溶性维生素可以充分地溶解出来。
3. 每天吃上 1 小碗，可有效保护视力，提高人体免疫力。

子瑜妈妈 说营养

　　动物的肝脏是解毒器官，这个大家都知道。而它的营养价值也非常高，有丰富的维生素、微量元素，每周吃上一次，每次吃半个鸡肝或者鸭肝，孩子肯定不会缺铁、缺锌，身体棒棒！

　　只要不过度食用，就不用担心毒素会被人体吸收，因为我们人体自身有新陈代谢排毒系统。

蔬菜炒鸭肝

不容忽视的补锌佳品

材料与步骤

鸭肝、鸭肫适量，包菜 100 克，胡萝卜（可以根据情况选择富含维生素的蔬菜同炒）、香菇、料酒、盐、生抽、色拉油适量

1 将鸭肫、鸭肝焯水后切片，沥干水分备用。

2 将所有配菜切片。

3 锅中放油，先将蔬菜炒至半熟。

4 加入鸭肫、鸭肝翻炒至熟，加点盐、生抽。

5 搅拌均匀后即可出锅（肝要吃全熟的哦）。

记住这些小细节

鸡、鸭的肝不是很腥，所以口感、味道都会比猪肝好很多。肝类最好先切后洗，这样可以充分洗去血污。

猪肝彩椒窝窝头

藏在窝窝头里的秘密

材料与步骤

猪肝 200 克，胡萝卜 50 克，黑木耳 50 克，彩椒 30 克，葱、姜、盐少许，窝窝头 10 个，料酒、醋、色拉油适量

1 将窝窝头蒸熟。

2 将胡萝卜、黑木耳、彩椒、葱、姜切末。

3 将猪肝用热水焯一下后切末备用。

4 锅中放油，放入葱、姜炒香，再加入猪肝末翻炒片刻。加入少许料酒、醋，再倒入胡萝卜末、黑木耳末翻炒。

5 炒 1 分钟左右，加入彩椒末、盐少许，拌匀出锅装入窝窝头。

记住这些小细节

1. 窝窝头可以在超市冷柜或者卖面食处买到。
2. 小孩子每次吃 1 ～ 2 个窝窝头就足够了。

荷塘小炒

时令鲜蔬，脆爽可口

材料与步骤

嫩藕200克（1节），胡萝卜50克（小半根），新鲜百合60克（1个），新鲜菱角100克（约15只），荷兰豆60克（1小把），色拉油、盐、鸡精适量

1 准备好材料。

2 将所有的材料切成薄片。

3 藕洗去淀粉，在淡盐水中泡几分钟，防止发黑。

4 预热锅子，倒入适量色拉油，开大火。待油温升至八成热时，将材料全部倒入锅中爆炒1分钟左右。

5 想要口感爽脆的，这个时候加盐和鸡精调味出锅即可；想要口感软糯点的，可以再炒1～2分钟。

记住这些小细节

1. 将嫩藕切成薄片，入锅爆炒，颠翻几下后放入适量盐、味精便可出锅。这样炒出的藕片白如雪而且清脆多汁。

2. 如果炒藕片时越炒越粘锅，可边炒边加少许清水，不但好炒，而且会使炒出来的藕片又白又嫩。

3. 莲藕含鞣质，去皮切开后暴露在空气中会变成褐色。为防止变色，可以将去皮切开的藕放在清水或淡盐水中浸泡。另外，最好用不锈钢锅具。

板栗蔬菜骨头煲

秋日里的一碗时令好汤

材料与步骤

龙骨 400 克，玉米 100 克，胡萝卜 100 克，板栗 100 克，料酒 15 毫升，姜片 5 克，水 1 升，盐、葱花（点缀用）少许

1 准备好材料。

2 将龙骨洗干净加入砂锅，倒入冷水，加入姜片和料酒。

3 大火煮开，撇去浮沫。

4 加入玉米段，改小火慢炖。

5 1 个小时之后，加入板栗同炖。

6 继续小火慢炖 15 分钟后加入胡萝卜同炖。

7 再煮 15 分钟关火，加入盐调味，撒点葱花装饰。

记住这些小细节

1. 熬骨头汤时加入一勺醋，可以让骨头里的钙充分溶解出来。
2. 水一定要一次性加足，中途续水的话会破坏营养且使口味变腥。

滑嫩蒸肉饼子

爱吃肉肉，能量多多

材料与步骤

新鲜猪里脊肉 200 克（牛肉、鸡肉都可，小孩子一顿吃 50 克左右就差不多了，不能一下全吃光哦），生粉 6 克，鸡蛋清半个，料酒、姜片、葱、盐、植物油适量

1 猪里脊肉洗干净，切成不带筋、不带肥油的细末。

2 在肉末中加少许料酒去腥，加适量盐、半个鸡蛋清、6 克生粉。

3 加 1 大勺植物油，用筷子朝一个方向搅拌均匀。

4 将肉末平铺在盘子中（厚度要均匀，不要超过 1 厘米，这样可以使肉饼受热均匀）。

5 在肉末上铺姜片、葱，上锅用大火蒸 5 分钟。

6 蒸好后将上面的葱、姜去掉，就可以给孩子吃了。注意汤汁不要倒掉，可以一起给孩子吃。

子瑜妈妈 说营养

　　适当地吃点猪肉，能补充儿童生长所必需的能量，但切忌食用过多。摄入了过多热量的话，多余的热量转化为脂肪在人体内储存，会导致肥胖，易诱发多种疾病。

鲫鱼和豆腐都是高蛋白食物,可以促进孩子的生长发育,提高人体免疫力。

鲫鱼豆腐汤

高蛋白的完美搭档

材料与步骤

350 克左右的鲫鱼 1 条，色拉油 30 毫升，热开水 800 毫升，嫩豆腐 1 盒，姜片、蒜片、料酒、盐少许

1 将新鲜鲫鱼处理干净，划上斜刀。

2 大火将锅子烧热，倒入色拉油，炒香姜片、蒜片，将鱼从锅边滑入。

3 将鱼煎至两面金黄后加入料酒、热水。

4 将嫩豆腐在盒子中划成 1.5 厘米见方的块，投入汤中。

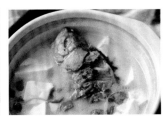

5 盖上盖子，大火煮 10 分钟后加盐调味即可出锅。

记住这些小细节

1. 做汤前一定要将鱼煎一下，这样会很香。
2. 煎鱼时要用姜、蒜、料酒去腥。
3. 煎鱼时一定要热锅冷油，不要反复翻鱼，要一次成型，煎好一面再煎另一面。
4. 一定要一次性加足热水，中间不可再续水。
5. 先煎后煮、大火熬汤是汤汁浓白的关键。

芦笋虾球

美丽的养生菜

材料与步骤

明虾 250 克，胡萝卜 30 克（1/4 根），芦笋 60 克（6 根），色拉油 20 毫升，葱、姜、蒜末少许，料酒 5 毫升，盐少许

1 将明虾放入冰箱冷冻 20 分钟，取出剥去虾壳。芦笋先焯水备用。

2 大火将锅子预热，倒入色拉油，煸香葱、姜、蒜末。

3 倒入芦笋和胡萝卜，大火炒 1 ~ 2 分钟。

4 加入明虾同炒，加入料酒，炒半分钟。

5 撒上 1 ~ 2 克盐，炒匀后出锅即可。

记住这些小细节

1. 新鲜明虾放冰箱冷冻 20 分钟再取出剥壳，会非常轻松、简单。

2. 用剪刀剪开虾背去泥肠，简便又快速。也可用牙签挑泥肠。

3. 虾要在出锅前半分钟再放入，这样口感比较嫩。

4. 此菜很鲜美，不用放味精。

子瑜妈妈 （说营养）

　　山药的新鲜块茎中含有多糖蛋白成分，可以帮助胃肠消化、吸收营养物质。

山药本鸡煲

荤素齐全，简单方便

材料与步骤

1 千克左右的本鸡 1 只，胡萝卜 150 克（1 根），山药 150 克（半段），盐少许，清水 1 升（3 大碗），料酒、姜片少许

1 将胡萝卜和山药切块。

2 将洗净的新鲜鸡肉切块，冷水入锅，加入料酒和姜片。

3 大火烧开，撇去浮沫。盖上盖子转小火慢炖 1 个小时。

4 加入胡萝卜和山药。

5 再盖上盖子用小火慢炖半个小时，加盐调味即可。

记住这些小细节

1. 做这道菜选材是关键，没有好的本鸡做不出浓香的鸡汤，没有好的山药做不出软糯的口感，所以建议大家购买正宗的本鸡和体形略扁的糯性山药。
2. 煲汤切忌中途续水，一定要一次加足。冷水下锅是为了让营养充分溶解到汤里，所以不要提前焯水。
3. 使用金属刀切山药时会发生氧化反应，可使山药变黑，所以在切山药时最好用竹刀或塑料刀。也可以将切好的山药泡在加了醋的冷水里，等烹饪时再捞出沥干水分，这样即使不马上食用，山药也不会变黑。

子瑜妈妈 说营养

　　选择了含铁丰富的牛肉作为主料，再搭配维生素C、维生素A、维生素E含量丰富的蔬菜，不但能促进铁的吸收，更能保护视力，补充膳食纤维，提高机体免疫力。

蔬菜牛肉丁

好吃、好营养的牛肉

材料与步骤

牛里脊肉 200 克，洋葱 50 克，土豆 50 克，玉米 50 克，生菜 30 克，胡萝卜 50 克，蒜末、盐、料酒、白胡椒粉、生粉、鸡精、色拉油适量

1 准备好材料。

2 将牛里脊肉切丁，加盐、白胡椒粉、料酒和生粉腌制 15 分钟。

3 将洋葱、土豆、生菜、胡萝卜切丁备用。

4 锅中加入少许油，将蒜末、洋葱丁炒香。

5 加入玉米、胡萝卜丁和土豆丁炒至断生（2～3分钟）。

6 再加入牛肉丁滑炒至牛肉丁基本变色，加入生菜拌匀，加点盐、鸡精调味即可。

记住这些小细节

不嫌麻烦的话，可以将牛肉与蔬菜分开炒，最后再倒在一起混合炒就可以了。我家锅子比较大，所以我可以半边炒蔬菜，半边炒牛肉丁。油要稍微多放点，这样炒过蔬菜之后，将锅略微侧过来还会有油剩余，这时候加牛肉丁滑炒一下正好。

虾皮水蒸蛋

"拔"个子的时候要补钙

材料与步骤

鸡蛋1个，水50毫升（蛋水比例1：1），虾皮10克，色拉油3毫升

1 准备好材料。

2 将鸡蛋打入碗中，用筷子打散。加入清水打匀。

3 加点色拉油。

4 再加入虾皮打匀。

5 冷水下锅蒸。

6 待水开后转小火蒸10分钟即可。

记住这些小细节

水开之后，转小火炖即可。火太大的话，蛋液会起泡，成品容易膨胀变形。

子瑜妈妈 说营养

鸡肉含有丰富的蛋白质、脂肪、钙、磷、铁以及 B 族维生素等，是儿童、脑力劳动者、年老体弱者的理想食物。

红烧鸡翅中

最家常的简单美味

材料与步骤

鸡翅中 8 个，葱结 1 小把，姜片 5 片，蒜瓣 2 粒，料酒 10 毫升，生抽 20 毫升，老抽 5 毫升，热开水 500 毫升，色拉油 15 毫升

1 将鸡翅中洗干净，切成两半。

2 将锅烧热，放入色拉油，煸香葱、姜、蒜。

3 放入鸡翅。

4 翻炒至变色，加料酒再翻炒半分钟。

5 加入生抽和老抽拌匀，再加入热开水。

6 大火烧开后转小火慢炖 1 小时至鸡翅软烂。最后大火收干汤汁，撒点葱花出锅。

记住这些小细节

1. 请选择上等的鸡翅中给孩子吃。
2. 炒的时候油要少放点，不要放香辛料，出锅时不要放味精，对孩子不好。
3. 准备出锅时若还有很多汤汁，可以开大火将汤汁收干，如果没有剩余汤汁则可提前出锅，以免煳锅。

新凉拌三丝

简单小清新

材料与步骤

四季豆、金针菇、胡萝卜适量，蒜泥、芝麻油、白醋、盐适量

记住这些小细节

1. 材料可以自由搭配，可选择黄瓜丝、藕丝、莴苣丝、豆芽丝等。
2. 调味料可按个人喜好再调整，可放花椒油、辣椒油、芝麻酱等。

1 将所有材料清洗干净。

2 摘去四季豆两边的蒂头，入水焯熟捞出放凉。

3 将胡萝卜切丝；将金针菇焯水，待其变软后捞出放凉备用。

4 将所有材料切成长约7厘米的段，加入蒜泥、芝麻油、白醋、盐拌匀。

水果酸奶沙拉

换个方式吃水果

材料与步骤

苹果、橙子、火龙果、猕猴桃适量，
原味酸奶1杯

1 准备各种水果。

2 将所有水果切成小丁。

3 将所有水果丁放入沙拉碗中。

4 淋上酸奶。

5 拌匀即可食用。

五福临门

做道团圆吉祥菜

材料与步骤

贡丸、鱼丸、胡萝卜、莴笋、西蓝花、胡萝卜、鹌鹑蛋适量，鸡汤 50 毫升，水淀粉 50 毫升，盐 1 克

1 准备好所有材料。

2 用挖球器将莴笋和胡萝卜挖成球备用。

3 将鹌鹑蛋煮熟，去壳备用。

4 将西蓝花洗净切小朵。

5 将西蓝花焯水。

6 将西蓝花摆在平盘中装饰一圈。

7 烧开一锅水，倒入贡丸、鹌鹑蛋、鱼丸、胡萝卜球和莴笋球，煮 3 分钟。

8 将所有的丸子捞出。盛在装饰了西蓝花的盘子中。

9 在干净的炒锅中倒入鸡汤，加盐煮开后兑入水淀粉。煮开后关火，将芡汁淋在丸子上。

炒粉干

鲜美一锅端

材料与步骤

粉干 200 克，胡萝卜、莴笋、西蓝花、肚片、肉片、色拉油适量，鸡蛋 1 个，XO 酱 2 大勺，生抽 20 毫升（生抽比较咸，放的时候自己注意把握分量哦）

1 将蛋打成蛋液，将粉干用温水泡软，将所有材料切成小片或者丝。

2 炒锅烧热，加油烧热（用猪油会更香哦），先加入鸡蛋，用筷子炒成蛋絮。

3 加入荤菜类食材炒至变色，再加入蔬菜类食材炒至五成熟。

4 加入 2 大勺 XO 酱，炒均匀。

5 加入温水泡软的粉干。

6 加入适量生抽，用筷子反复翻炒。

7 翻炒 2 分钟，出锅装盘即可。

记住这些小细节

材料是随意放的，你可以自由搭配，放点虾皮、虾仁之类更好吃哦！

记住这些小细节

1. 番茄酱没有添加防腐剂，所以保质期很短，建议每次少做点，每次用完后将剩余的放冰箱冷藏。
2. 吃意大利面时作为拌酱，非常美味。烤披萨的时候作为抹面底料酱也是绝配哦！
3. 酱的酸度可以通过增减糖量来控制。

意式番茄酱

材料与步骤

番茄 4 个（500 克），洋葱半个（40 克），蒜 4 粒（20 克），细砂糖 30 克（看番茄酸度增减），
黑胡椒粒 3 克，干罗勒叶 1 ~ 2 克，盐 4 克，黄油 30 克

1 准备好材料。

2 将番茄用开水烫一下，剥去皮，切成小碎丁；将洋葱和蒜粒切成末。

3 大火将炒锅烧热，下入黄油使其融化，再下入洋葱和蒜末炒出香味。

4 倒入番茄，加入黑胡椒、盐、糖。

5 炒至番茄呈沙司状，转小火煮 20 分钟，期间搅拌几次以免粘锅底。

6 观察浓稠状态，加入罗勒叶拌匀就好了。

7 目测这个状态即可起锅。

8 我这里多做了一步，将番茄酱倒入搅拌机搅拌 1 分钟，番茄酱变得更细腻了。

9 装入瓶中，尽快用完哦。

牛油果三明治

清新的简易餐

材料与步骤

面包片3片，鸡蛋1个，牛油果1个，黄瓜、胡萝卜适量

1 牛油果肉放碗里，加入1个水煮蛋，加入盐和黑胡椒。

2 反复压碎成牛油果酱。

3 将黄瓜和胡萝卜刨成薄片。

4 取一片面包垫底，抹上牛油果酱。

5 铺一层黄瓜片和一层胡萝卜片。

6 再放上一片面包，铺上牛油果酱，再铺一层黄瓜片和一层胡萝卜片。

7 最后盖上一片面包。

8 用刀切去四边。

9 再斜角对切，完成！

南瓜蒸百合

南瓜的简易吃法

材料与步骤

南瓜 300 克，新鲜百合半个

子瑜妈妈 说营养

　　南瓜富含膳食纤维，可增进肠胃蠕动，平时容易便秘的孩子可以适当吃一点。

1 准备好南瓜与百合。

2 南瓜去皮、去瓤、切片，摆到盘中。

3 百合洗净掰成瓣，撒到南瓜上。

4 将盘子放入蒸锅，大火蒸15 分钟即可开吃。

虾蒸肉

当虾仁遇到肉丸

材料与步骤

肉末 200 克，明虾 10 只，细盐 3 克，
料酒 5 毫升，葱末适量

1 准备好所有材料。

2 将新鲜明虾冷冻半小时后
剥去虾壳，再将虾仁洗净。

3 肉末中加入细盐、料酒，
撒上葱末。

4 用筷子搅拌 3 分钟，待用。

5 戴上一次性手套，取 30 克
左右肉馅，中间嵌入一个
虾仁，露出虾仁两端。

6 依次做好所有的虾仁肉丸，
放入盘中，入蒸锅大火蒸
10 分钟，闷 3 分钟后即可！

125

"宝贝爱吃饭"照片墙

亲爱的宝贝，最喜欢看你乖乖吃饭的模样！

妈妈：@辰浩麻麻慕慕

希望我家宝贝快乐、健康地长大，身体倍儿棒，吃嘛嘛香。

妈妈：@超级无敌大爱的11

小千荀宝宝，爸爸妈妈愿你生得如奶油一样可爱，活得像蜂蜜一样甜美。健康快乐长高高，此生为你做蛋糕！

妈妈：@冰帕

帕拉丁宝贝，健康快乐，妈妈陪你一起成长。

妈妈：@橙肉香香

祝福我最爱的成成健康、快乐地成长，永远保持灿烂的微笑，开心每一天！

妈妈：yoyo原色

祝我的宝贝身体健康，快乐地成长。

PART 3 孩子生病了吃什么？

　　孩子生病，家长便会心急如焚。看到孩子感冒、发热、腹泻，脸色憔悴，食欲不振，简直恨不得这病全生在自己身上。

　　孩子生病的时候，很多家长会变得很迷茫，不知道给孩子吃点什么才对，生怕一不小心吃错了，加重病情。在这里，子瑜妈妈准备了一些简单方便的食谱，希望能够帮助各位家长。

　　另外要说的是，子瑜妈妈在这里提供的食疗食谱仅供大家参考。孩子生病，请第一时间配合医生治疗，听取医生的建议，切勿自己盲目用药。在孩子养病期间，饮食一般要求清淡易消化，忌辛辣。此外，多休息很重要。

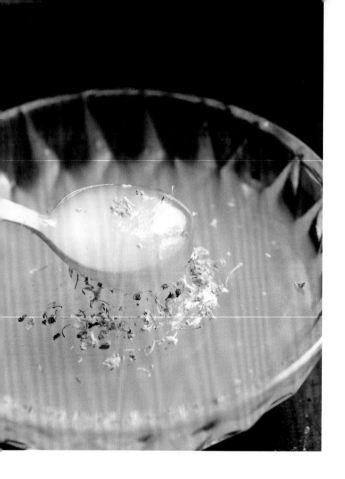

莲藕有清香，还含有鞣质，有健脾止泻的作用，可以增进食欲、促进消化、开胃健中，适合胃纳不佳、食欲不振者食用。

藕粉含葡萄糖、蛋白质、淀粉、铁、磷、钙及多种维生素。中医认为藕能补五脏，和脾胃，益血补气。

材料与步骤

西湖藕粉 1 包，热开水 200 毫升，干桂花少许，凉开水 10 毫升

桂花藕粉糊

肠胃炎初期饮食调整

如果孩子得了肠胃炎，必须积极配合医生治疗，同时将饮食调整好。肠胃炎期间可以给孩子喝点藕粉、白粥等比较容易消化吸收且保护肠胃的食物；也可以给孩子吃些流质、半流质、细软、少油的食物。尽量避免吃产气、高脂肪的食物，如豆浆、牛奶、蔗糖等。

肠胃炎期间不要给孩子喝鸡汤、吃鸡蛋，因为鸡汤中的蛋白质和饱和脂肪酸含量都很高，容易增加肠胃负担，加重症状。平时要帮孩子养成良好的生活习惯。

1 将藕粉倒入碗中，加入 10 毫升凉开水，使藕粉溶化。

2 将开水冲入碗中，用勺子不停搅动，直到面糊开始变得透明且有一定厚度。撒上些干桂花，趁热食用。

陈皮炖梨

材料与步骤

雪梨 1 个，冰糖 10 ~ 15 粒，陈皮 6 克，清水 500 毫升

1 准备好雪梨、冰糖、陈皮，将梨洗净后切块。

2 将所有材料放入砂锅中，烧开后转小火煮 40 ~ 50 分钟即可食用。

129

大米浓汤
朴实无华，简单疗愈

孩子发热有各种原因，一定要先去医院就诊，配合医生治疗，听取医生建议。孩子发热时，容易没有食欲，这个时候喝上一碗热气腾腾的米汤，不仅容易消化吸收，而且可以补充能量和帮助出汗退热。米汤虽然简单，但却是人类的大功臣，人生病时总是需要它。肠胃不舒服时可以养胃，感冒发热时可以排汗散热，体质虚弱时可以补充能量，尤其是哺乳期，当宝宝或者妈妈生病而不得不暂停母乳的时候，米汤是宝宝辅食的不二选择，经济、方便又营养。

子瑜妈妈 说营养

米汤里含有丰富的 B 族维生素、磷、铁以及一定的碳水化合物与脂肪等，有益气、养阴、润燥的功效。

材料与步骤

大米 100 克（用糙米制作米汤效果更好，因为糙米的外层组织含有更多的维生素、矿物质和氨基酸，营养更丰富），清水 600 毫升

1 将米洗干净，倒入锅中，加入清水。

2 大火烧开后转小火炖半个小时即可得到浓稠的米汤。

♥ 看护小贴士

① 儿童发热的时候，身体营养物质的消耗要比平时厉害，需要及时补充。饮食以营养、清淡、流质或半流质的食物为佳，这样的食物容易消化吸收，不宜吃海鲜。
② 要耐心地给孩子喂，不应该强迫孩子，否则容易让孩子产生不适或呕吐。
③ 此外，发热容易出汗，记得要及时给孩子擦干，注意室内空气的流通。
④ 最后建议大家，平时应加强孩子的体育锻炼，提高身体素质，饮食应营养、适量。

新鲜橙汁
预防感冒

记住这些小细节

1. 6 个月以上宝宝的饮食中便可添加果汁，但必须从少量开始添加。1 ～ 3 岁的孩子每次喝 60 毫升，太甜的话可适当稀释，但婴儿必须稀释着喝。3 岁以上的孩子可直接吃橙子肉。
2. 饭前或空腹时不宜食用。
3. 吃完橙子应及时刷牙漱口。
4. 橙子味美但不可多吃。多吃柑橘类水果会引起中毒，导致手、足乃至全身皮肤变黄。一般不需治疗，只要停吃即可好转。

说营养

橙子中含丰富的维生素 C、维生素 P，能增强人体抵抗力，有效预防感冒。

材料与步骤

橙子若干

将橙子对半切开，用手挤在杯子里，直接饮用。

看护小贴士

① 孩子平时要注意卫生，尽量避免与感冒人群在一起。饮食上要做到不挑食，什么都爱吃。
② 家长要注意，在感冒多发季节，让孩子多吃点富含维生素 A、维生素 C、铁和锌的食物，可以提高免疫力，有效预防感冒。含维生素 A 丰富的食物有动物肝脏、奶类、胡萝卜、南瓜、红黄色的水果；含维生素 C 丰富的食物有各类新鲜的蔬菜和水果；含铁丰富的食物有动物血、奶类、蛋类、肉类、菠菜；含锌丰富的食物有海产品、豆类、家禽等。
③ 房间要经常通风，保持空气新鲜；衣物要适中；经常的体育锻炼也很重要。

♥♥ **看护小贴士**

　　孩子咳嗽了，父母会很担心，吃药吧，担心吃多了不好，不吃吧，又担心咳厉害了。这里子瑜妈妈建议大家，在配合医生治疗、合理用药的前提下，做好咳嗽期间的饮食调理，孩子的咳嗽一定会很快好起来的。

①咳嗽期间不要给孩子吃鱼、虾、蟹，容易导致过敏，刺激呼吸道。

②不要给孩子吃太凉、太咸的食物。饮食过凉容易造成肺气闭塞，加重咳嗽；吃得太咸容易刺激咽喉，诱发咳嗽。

③不宜给孩子吃油脂丰富的食物，比如肥油、瓜子、巧克力等，容易咳嗽生痰。

④不宜给孩子吃刺激性食物，比如很酸、很辣、很甜的，酸食敛痰，甜食助热，都会加重咳嗽。

⑤咳嗽期间不宜给孩子吃补品，清淡饮食即可。

川贝炖雪梨

止咳润肺民间方 2

材料与步骤

雪梨 1 个，川贝、冰糖适量

1 准备好材料。

2 先把川贝碾碎（可以将其装在塑料袋里用棒子轻轻地敲碎）。

3 在雪梨顶部 2/3 处横切开。用刀和勺子挖去梨芯，挖空备用。

4 将所有川贝粉和冰糖放里面。

5 加入适量清水。

6 用牙签固定，放入炖盅，加盖，以小火炖 1 小时即成。

懒人做法：将梨洗净，切成小块。一半铺入炖盅，撒上川贝粉和碎冰糖。加入剩下的梨块，倒入 50 毫升清水。加盖入炖锅大火烧开，再转小火炖 45 分钟即可。

子瑜妈妈 说营养

　　川贝有清热化痰、润肺止咳的作用。川贝炖雪梨，是民间用来调理咳嗽、去痰的方法，对肺燥引起的咳嗽，功效特别显著。

甘蔗马蹄饮

清热、生津、止渴

材料与步骤

甘蔗 2 节，马蹄 10 个，生姜 15 克，水 500 毫升

1 将马蹄清洗干净。

2 将甘蔗去皮，切小片。

3 将马蹄去皮切小块，将生姜去皮切小片。

4 将甘蔗、生姜、马蹄放入砂锅，加 500 毫升水。

5 大火烧开。

6 转小火炖 15 分钟即可。

金橘酱

止咳润肺的果酱

特别提醒

果酱虽好吃，但属于高热量食品，肥胖儿童，尤其是有糖尿病倾向者要慎食，一般人也请适量食用哦。

材料与步骤

金橘 2 千克，白砂糖 100 克，冰糖 250 克，水 400 毫升

1 将金橘清洗干净。

2 将金橘对半切开。

3 捏一捏、转一转，子就出来了。依次去除所有的子。

4 撒上白砂糖，盖上保鲜膜，放入冰箱冷藏一晚上。

5 将糖腌后的金橘倒入搅拌机，加入 400 毫升清水。

6 搅拌一下，留适量粗颗粒。

7 将金橘酱倒入不锈钢锅中，大火煮开。

8 撇去黄色浮沫，倒入冰糖。

9 转小火慢慢熬煮至浓稠，中间适当搅拌几次，防止粘底。

10 果酱略黏稠时须在边上看护，要经常搅拌，待果酱非常黏稠时即可关火。

11 所有果酱瓶（耐高温）洗净，在开水中煮 1 分钟后取出倒扣晾干，保证无水无油。

12 趁热将果酱装入瓶中拧紧，倒扣至冷却。可密封冷藏 1 个月，开封后须尽快食用。

137

秋梨膏

秋梨膏润肺止咳、生津利咽，可用于阴虚肺热之咳嗽喘促、痰涎黏稠、胸膈满闷、口燥咽干、烦躁声哑，对肺热久嗽伤阴者尤佳。

材料与步骤

秋梨 5 个，罗汉果 1 个，冰糖 20 克，蜂蜜 50 克，生姜 25 克

1 准备好材料。

2 将罗汉果掰成小碎块。

3 将梨去皮、去子、切小块，将生姜切小块，放入搅拌机。

4 打成浆糊状。

5 倒入锅中。

6 开大火煮，然后将罗汉果和冰糖一起放入锅中。

7 待梨浆煮开后转小火。

8 撇去浮沫。

9 再用小火煮 25 分钟左右。

10 将锅里的渣过滤掉。

11 我用的是细网筛。如图，用蛋抽边搅拌边过滤，非常方便。

特别提醒

①秋梨膏性凉，食用应适可而止，脾胃虚寒的孩子最好少吃或不吃，以免腹泻。

②最好用温开水化开后再服用，直接吃可能会刺激口腔、咽喉黏膜。

12 将过滤出来的汁水用小火熬煮至浓稠。

13 记得要适当地搅拌几下，防止粘底，煮 10 ～ 20 分钟即可。

14 关火，放凉，淋入蜂蜜，搅拌均匀。

15 装入绝对干净的小玻璃瓶中即可。密封后可在冰箱冷藏半个月。

记住这些小细节

我的搅拌机可以直接将水果打成浆，有些可能不行。记住千万不要加水打浆，可以用其他方式，比如用搓细丝、搓蓉的工具将梨加工成梨蓉，生姜可以用刀切成末。

香醇小米粥

小儿腹泻时的主食良品

记住这些小细节

1. 煮粥的时候在锅盖下架根筷子可以防止溢锅。
2. 煲粥最好用砂锅。
3. 请适量饮用，每天 1 ~ 2 次，每次 1 小碗。
4. 腹泻严重时，一定要去医院就诊，食疗只是起到辅助作用。

材料与步骤

小米 100 克，清水 500 毫升

1 将小米洗干净后倒入砂锅中，加入水，盖上盖子。

2 大火煮开后，改小火煮 10 分钟即可。

看护小贴士

①腹泻可能造成脱水或营养不良。在孩子腹泻的时候，我们不但要配合医生进行积极的治疗，自己也要做好各项工作。

②要纠正孩子不良的生活习惯，饭前便后要洗手，不要乱吃不洁零食、小吃。

③有些腹泻会传染，在儿童腹泻时应该尽量单独管理孩子，包括餐具、洗具等。

④腹泻期间要注意饮食，不要让孩子吃辛辣刺激的食物，不要吃生冷的食物，少吃不易消化的食物；可吃些可以缓解腹泻的食物，比如小米粥、胡萝卜、山药等。

⑤腹泻严重时，一定要去医院就诊，食疗只是起到辅助作用。

生姜葱白红糖饮

预防感冒的简易高招

在我有记忆以来，我老妈对付感冒的高招就是喝姜汤，谁喉咙痛了，赶紧喝碗姜汤，第二天就不疼了。

后来，我询问了老中医。老中医说，姜汤针对风寒感冒初期比较有效果，如果是风热感冒的话，就不适合了。因此着凉或者淋雨的时候，立马喝上一杯暖暖的姜汤，可以很有效地预防感冒。

材料与步骤

葱白 10 克，生姜 10 克，
红糖 10 克，清水适量

将所有葱白、姜片倒进锅中，加上水。大火烧开后加入红糖，再转小火烧 8 分钟即可。要趁热饮用（注意葱预防感冒的有效部分是葱白，所以千万不要只用绿色部分，那是无效的）。

罗汉果炖雪梨

风热感冒时可以试试

罗汉果味甘性凉，归肺、脾经，体轻润降，具有清肺利咽、化痰止咳、润肠通便等功效。主治痰火咳嗽、咽喉肿痛、伤暑口渴、肠燥便秘、咳嗽咽干、咽喉不利等。

材料与步骤

雪梨 1 个，罗汉果 1/5 个，清水适量

1 准备雪梨 1 个，洗净去核切成小块；准备 1/5 个罗汉果。

2 将梨块放入碗中，加入掰碎的罗汉果（不要掰太小块，否则吃时很难过滤出来）。加入 1 小碗清水。

❤ 特别提醒

此汤偏凉性，适合咽炎、咳嗽、风热感冒者食用（我个人认为），肠胃不好的人慎食。勿长期食用。

3 入蒸锅蒸制。

4 蒸 1 个小时即可。

143

子瑜妈妈 说营养

　　白萝卜有"赛人参"之美称，具有润肺止咳、行气消食之功效，有促进消化和止咳化痰的作用。

萝卜子排煲

孩子感冒或者患支气管炎期间，可以多吃这道菜。但是子排有一定的油脂，在给孩子喝汤之前要撇去浮油。多给孩子吃点萝卜和汤，子排可以给大人吃。

材料与步骤

萝卜半根，子排 500 克，葱、姜、料酒各少许，盐适量

1 将子排洗干净，在清水中浸泡半个小时，泡去血水。

2 将子排放入砂锅，加入水、葱、姜和料酒，盖上盖子。

3 大火烧开，撇去浮沫。

4 加入切好的萝卜，盖上盖子再次烧开后转小火，炖一个半小时。

5 出锅前加盐调味，撒点葱花出锅。

 特别提醒

①孩子感冒或者患支气管炎期间，要多给孩子呼吸新鲜的空气，让孩子多休息、多喝水，做好与其他孩子的隔离工作。

②饮食要清淡，搭配要合理，适量吃一些润肺、止咳、化痰的食物。

③平时要让孩子加强锻炼，养成良好的生活习惯。患感冒、支气管炎时一定要及时治疗，不可以拖延。

番茄牛肉羹
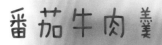

营养全面，增强体质

材料与步骤

番茄3个，洋葱1个，牛里脊肉80克，土豆1个，胡萝卜半根，杏鲍菇1个，淀粉、料酒、盐、糖、色拉油适量

1 准备好所有材料。将土豆、胡萝卜、杏鲍菇切块。

2 将牛肉切末，放一点点料酒和盐抓匀，再加点淀粉抓匀，放置一边备用。

3 将番茄放在火上烤一下去皮，再切成小块。

4 将锅烧热后倒油，加入洋葱煸炒出香味。倒入番茄翻炒后加盐、糖，继续翻炒至番茄出水，改小火煮8分钟。

5 等番茄基本变糊状时倒入土豆、胡萝卜、杏鲍菇。

6 加热水至盖过所有食材。盖上盖子小火慢炖30分钟左右。

7 待所有食材基本软烂时，加入腌制好的牛肉末。

8 用铲子捣散，煮1分钟后出锅。不用加味精也非常鲜美。

♥ 看护小贴士

① 平时要鼓励孩子加强体育锻炼。

② 要鼓励孩子什么都爱吃，不挑食。

③ 要提高孩子睡眠质量，早睡早起身体好。

④ 要鼓励和支持孩子，帮孩子树立战胜一切的信心。

怀山莲藕骨汤

脾胃虚弱的调理好汤

材料与步骤

怀山 15 克，薏米 10 克，芡实 10 克，红枣 5 ~ 6 颗，莲藕 1 节，排骨 500 克，胡萝卜 1 根，
葱、姜、料酒、盐适量

1 准备好材料（我们是做菜，
不是炖药，所以药材的比例
不要太大）。

2 将排骨洗净，放入汤锅中，
加入适量清水（多一点），
加入葱、姜、料酒。

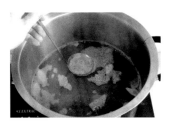

3 大火烧开后撇去浮沫。

4 加入怀山、芡实、薏米，
转小火同炖 1 个小时。

5 加入切好的藕和胡萝卜，
加入红枣，同炖 30 分钟。

6 加入盐调味后出锅。

 特别提醒

药食同源，这道菜普通人均可食用，脾胃虚弱者食用效果尤佳，特殊人群请慎用。

山药枸杞煲牛腩

普通食材，健脾好汤

材料与步骤

牛腩500克，胡萝卜1根，山药400克，枸杞、芹菜叶、葱、姜、料酒、盐适量

1 将牛腩洗净放入汤锅中，加入5升水，加入适量葱、姜、料酒。

2 大火烧开。

3 撇去浮沫，转小火炖2个小时。

4 加入切好的胡萝卜和山药块，小火炖半个小时。

5 加入适量盐调味，再加入枸杞，炖1~3分钟。

6 出锅装碗，撒上适量新鲜洗净的芹菜叶装饰即可。

红豆薏米莲子茶

材料与步骤

红豆 30 克，薏米 30 克，莲子 5 颗，清水 500 毫升

将红豆、薏米、莲子放入汤锅，加 500 毫升清水，大火烧开后转小火炖 1 个小时，喝其汤即可。剂量比较小，夏日可每天当健脾汤水喝。

红枣胡萝卜山药粥

健脾好粥 1

材料与步骤

红枣几颗，胡萝卜半根，山药 100 克，粳米 100 克，清水 500 毫升

所有食材清洗干净，山药和胡萝卜切小丁，将食材全部放入电饭煲煮粥即可。

山药薏米粥

健脾好粥 2

材料与步骤

山药 20 克，薏米 20 克，大米 100 克，清水 500 毫升

将所有食材清洗干净，全部放入电饭煲煮粥即可。

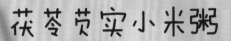

茯苓芡实小米粥

材料与步骤

茯苓、芡实各 10 克，小米、粳米各 30 克，怀山 3 片（约 30 克）

将所有食材清洗干净，全部放入电饭煲煮粥即可。

"宝贝爱吃饭" 照片墙

亲爱的宝贝，最喜欢看你乖乖吃饭的模样！

妈妈：@朵小姐的额娘

朵小姐，愿你吃嘛嘛香，身体倍儿棒，幸福成长。

妈妈：@逗逗和多多

宝贝，妈妈舍不得你太快长大，希望时间能过得慢一点更慢一点。妈妈爱你。

妈妈：@高兴滴娘亲

希望高兴宝宝健康成长，快乐度过每一天，妈妈陪你一起长大。

妈妈：@美美美美家

希望孩子一切都好！平安、健康、快乐！

妈妈：@淡茉儿

宝贝茉茉，你是上天送给妈妈最美的天使，愿所有最美好的祝福都围绕着你，祝福宝贝永远幸福快乐！

PART 4 一菜两做，物尽其用

　　不知道你有没有碰到过这样的情况，做完某道菜之后，会有一堆边角料产生，弃之可惜，但又不知道如何处理。在这里，子瑜妈妈为大家做了几道容易产生边角料的美食及边角料的再应用，希望能给大家带来帮助和启发。

虾头炸虾油，
虾仁炒鸡蛋

虾头、虾壳有妙用

　　平时在家中，明虾你会怎么吃？椒盐明虾，水煮虾，油爆虾？有尝试过这款虾仁炒鸡蛋吗？非常滑嫩鲜美，而且营养丰富哦！做起来也相当简单，值得一试。剩下的明虾头不要浪费，可以炸成虾油，做凉拌菜的时候用上一点，海鲜味十足！

材料与步骤

鸡蛋 1 个，虾仁 100 克，胡萝卜 30 克，盐、葱少许，色拉油、料酒适量

虾仁炒鸡蛋：

1 将虾仁、胡萝卜切丁，鸡蛋打成蛋液，切少许葱花。

2 锅烧热后，倒入 10 毫升色拉油，将鸡蛋煎熟后取出。

3 倒入胡萝卜翻炒 1 分钟，加入虾仁翻炒，放几滴料酒。

4 倒入鸡蛋翻炒。

5 撒入盐和葱花。

6 翻炒几下出锅。

炸虾油：

1 将虾头、虾壳洗净，沥干。

2 锅中放油，烧至五成热。

3 倒入虾头、虾壳。

4 炸 8 分钟左右。

5 捞出虾头、虾壳，过滤出虾油。

子瑜妈妈 说营养

　　虾肉味道鲜美、营养丰富。鲜虾肉富含蛋白质、钙，特别适合老年人和儿童食用。

159

鱼肉切片吃，鱼骨熬汤

一条鱼，熬汤、片肉各有风味

材料与步骤

黑鱼1条，胡萝卜100克，酸菜100克，葱、姜、蒜少许，料酒、盐、淀粉、鲜酱油、香油、色拉油适量

嫩鱼片：

1 请摊主片好鱼片，回家洗净鱼片和鱼骨，沥干水分备用。

2 鱼片加料酒、盐和淀粉拌匀，腌制15分钟。

3 烧开一锅水，快速逐片下入鱼片，待完全变色即可捞起。

4 将葱、姜、蒜末撒在鱼片上，淋点鲜酱油，最后淋上香油。

5 放点不辣的红椒或者胡萝卜点缀一下，有白、有红、有绿，色泽鲜艳，口感滑嫩！

酸菜鱼骨大汤：

1 锅中倒油，煸香葱、姜、蒜，将鱼骨头入锅煎至略金黄，加入料酒去腥。

2 将鱼骨盛起放一边。另起锅子，将酸菜炒出香味后加入胡萝卜、鱼骨头同炒。

3 加入热水至盖过鱼骨高度。

4 盖上盖子，开大火煮15分钟后关火，撒上葱花，出锅。

子瑜妈妈 说营养

　　鱼历来是人们喜爱的食品。老祖宗造字，就将"鲜"字归于"鱼"部，将鱼当做"鲜"的极品。

　　鱼不但味道鲜美，而且富含蛋白质，包含各种人体必需的氨基酸，提供儿童生长发育所需的最主要的营养物质。另外，鱼类蛋白相比于禽畜蛋白，更易消化吸收。

奶香玉米棒＋奶香玉米饮

香甜玉米两种吃法

子瑜妈妈　说营养

　　玉米中钙的含量接近乳制品，维生素含量也非常高。甜玉米的蛋白质、植物油及维生素含量比普通玉米高 1 ～ 2 倍，所含"生命元素"硒的含量也要高于普通玉米。

材料与步骤

新鲜甜玉米棒3根，黄油15克，牛奶200毫升

奶香玉米棒：

1 将玉米棒洗干净，用手掰或者用刀切成小段。放到锅中，加入清水至与玉米持平。

2 加入1罐纯牛奶（我用的是原味的）。

3 加入15克动物黄油（没有黄油可用色拉油代替，但是味道会差很多）。

4 盖上盖子，开大火煮开。

5 煮开后改小火慢煮半个小时即可出锅。

奶香玉米饮：

1 半截玉米取粒。

2 在煮好的玉米汤中加点玉米粒，放入搅拌机打成浆。

3 一道美味香醇的奶香玉米饮就诞生啦！

肉包子＋肉饼子

对付多余肉馅有办法

子瑜妈妈 说营养

　　包子具备主食的一切特点，又胜于普通米饭。一个包子可以等同于一桌复杂的饭菜，既能提供人体所必需的能量，又含有各种营养丰富的内馅，既能长力气、长身体，又能在口感上千变万化，深得人们的喜爱。

材料与步骤

包子皮材料：面粉 500 克，发酵粉 5 克，30℃左右的温水 250 毫升

肉馅材料：瘦肉 300 克，鸡蛋清 1 个，色拉油（香油或者橄榄油）50 毫升，五香粉 1 小勺（不喜欢的可不加），盐 1 小勺，老抽 5 毫升（上色用），葱花 1 把，水 30 毫升，白胡椒 1 小勺，料酒 10 毫升，鸡精 3 克，白糖 1 小勺

做肉包子：

1 将发酵粉用 250 毫升 30℃左右的温水溶化。将面粉放入大盆，冲入酵母水。

2 待面团成型后不断将粘在盆上、手上的面片揉进去。

3 和成光滑的面团，然后盖上湿布醒发。

4 待面团醒发至 2 倍大时准备开始制作。

5 此时面团呈蜂窝状。

6 将发好的面团揉扁，排空气体。

7 将面团揉搓成条，分成 80 克左右的小面团。

8 将小面团揉圆按扁。

9 用擀面杖将面团擀大稍许。

10 将肉馅材料混合，用筷子朝一个方向搅打上劲。

11 取一张面皮，在中间放上适量肉馅。

12 将包子沿边收口。

13 依次做好所有的包子。

14 将包子放在蒸笼里再次醒发 15 分钟，然后开火蒸。

15 烧开后继续大火蒸 20 分钟左右，再关火焖 5 分钟。

做肉饼子：

1 在剩下的肉馅中加上几勺淀粉，搅拌均匀，用手将肉馅团成每个 60 克左右的肉饼子备用。将锅烧热后倒冷油，再将肉饼子放下去。

2 一面成型后翻面继续烙，待表面结皮后改小火焖 4 分钟。

记住这些小细节

1. 在煎肉饼子的时候，要么用不粘锅，要么将锅烧热后倒冷油，再将肉饼子放下去，这样可以防止肉饼粘锅。要注意的是，一定要把锅子烧热后再下肉饼子，这样可以使肉饼子表皮迅速凝固，锁住汁水。

2. 饼不要太厚了，不然会外焦里生。表皮凝固后，改最小火焖煎肉饼 4 分钟就差不多了（可以用筷子挑开中心看看有没有全熟）。

青菜面 + 青菜饼

材料与步骤

青菜面材料：青菜 1 株（可榨汁 150 毫升），面粉 300 克

青菜饼材料：青菜渣 100 克，鸡蛋 2 个，胡萝卜 30 克

做青菜面：

1 将青菜洗净切小块。

2 用榨汁机分离出菜汁、菜渣。

3 用菜汁和面，150 克汁可加 300 克面粉。

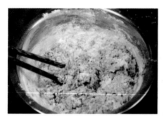

4 先用筷子搅成面絮，再用手和成面团。

5 将面团盖上湿布醒 20 分钟。

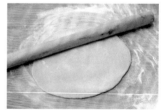

6 案板上撒干粉，将面团反复揉搓后擀成薄面片。

7 将面片反复折叠。

8 用刀切成细条。

9 用手抖散面条。

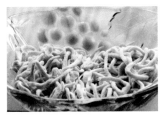

10 用同样的方法可以做出其他颜色的面条，如胡萝卜面条、紫甘蓝面条等。

11 按你喜欢的方式煮面条即可。吃不完的面条可以冷冻保存或晒干保存。

做青菜饼：

1 过滤出来的菜渣不要浪费。

2 准备青菜渣 100 克，鸡蛋 2 个，胡萝卜 30 克。

3 将蛋、菜渣、胡萝卜混合，加入适量盐调味。

4 平底锅烧热，倒入 30 克色拉油，倒入蛋糊煎至两面全熟即可。

营养鸡汤＋椒盐鸡架

鸡两吃，滋补香脆两种风味

材料与步骤

1千克左右的嫩鸡1只，葱、姜、蒜少许，料酒1大勺，清水2.5升（5小碗），
盐、椒盐、色拉油适量

做鸡汤：

1 鸡杀好洗净，用剪刀剪去肥油和较厚的鸡皮。

2 码入砂锅，加姜片，倒水至砂锅最高水位线，加入料酒。

3 加入葱结。

4 盖上盖子，先大火烧开，撇去浮沫。

5 再改小火，炖一个半小时。

6 撇去浮油，撒上盐调味，出锅。

7 将鸡腿肉切丁，加入1小碗鸡汤，即是鸡粒汤，适合啃不动鸡腿的孩子食用。将鸡粒汤倒入搅拌机打成鸡蓉汤，即可给牙齿未长全的孩子食用，易消化吸收。

椒盐鸡骨架：

1 将剩下的鸡肉和骨架子捞出放凉。戴上一次性手套，将鸡肉和骨架撕成均匀的小块。

2 锅中倒油，在油温八成热时放入骨架炸约3分钟，待鸡肉呈金黄色时即可捞出。

3 锅中留底油，加入葱、姜、蒜末煸香，加入骨架同炒，撒上椒盐，再翻炒几下即可。

"宝贝爱吃饭" 照片墙

亲爱的宝贝，最喜欢看你乖乖吃饭的模样！

妈妈：@ 旋 - 歌

妞，谢谢你的到来，让为娘的心又一次变得柔软，在以后的日子里，我会一直陪着你，做你最好的闺密！

妈妈：@ 明踪莉影

亲爱的欣宝，你是上天赐予我们最好的礼物。爸爸妈妈愿你能健康快乐成长，堂堂正正做人，幸福、好运永相伴！

妈妈：@ 旺仔小猪宝

旺仔，你长大后会知道，做好一件事太难，但绝不要放弃。爸爸妈妈永远爱你！

妈妈：@ 天蝎座大 Fan

抱着珍惜和感恩的心迎接每一个拥抱你的机会，因为你每一天的成长都离我渐行渐远，妈妈祝愿你健康平安，展翅高飞。

PART 5 给孩子做的零食

　　吃零食是孩子的天性，我们几乎很难做到不给孩子吃零食。孩子的童年如果少了零食，会缺失很多美好的回忆。生活中，含各种添加剂的零食太多了，既然做不到不给孩子吃零食，我们不如自己动手，给孩子做相对健康的零食吧，孩子高兴，妈妈放心！

盐焗鹌鹑蛋

盐粒孵出了美味

材料与步骤

海盐 500 克，鹌鹑蛋 250 克

1 将鹌鹑蛋洗净擦干。

2 在平底锅中铺上海盐。

3 将鹌鹑蛋码放好。

4 盖上盖子，开小火慢慢地预热，5 分钟后关火，再焖上 5 分钟就可以出锅了。

子瑜妈妈 说营养

鹌鹑蛋的营养价值比鸡蛋更高一筹，一般 3 个鹌鹑蛋的营养含量相当于 1 个鸡蛋。虽然鸡蛋和鹌鹑蛋的营养成分相似，但由于鹌鹑蛋中的营养物质分子较小，所以更易被吸收利用。

记住这些小细节

1. 买不到海盐的话，也可以用一般的粗盐，我的海盐是在大型超市买的，颗粒很大。

2. 我做盐焗蛋的蓝色锅子是比较厚的铁锅，导热很慢，散热也很慢，所以保温效果比较好。如果你用的是普通不锈钢锅或者铁锅，一定要注意控制温度，锅子薄的话散热会快，盐焗时间要长一点。

3. 盐焗过程中切忌反复打开查看，不然好不容易积蓄的热量又会散失掉。

4. 火一定要小，觉得温度够高的时候甚至可以暂时关火。不然锅内温度过高，蛋可能会爆裂。

子瑜妈妈 说营养

　　对于孩子来说，吃零食可以说是童年最快乐的事了。要说糖葫芦有营养，只能说它用到的水果富含维生素，至于外面的那层水晶糖衣，糖分含量还是挺高的，最好少吃。

冰糖葫芦串

材料与步骤

各种水果 500 克，冰糖或白砂糖 250 克（含损耗量），竹签 10 根

1 将水果洗净。

2 冰糖或者白砂糖和水 1 ∶ 1 混合。先大火烧开，再改小火慢慢熬 10 分钟左右。

3 待糖水熬到开始噼啪响、很黏稠、颜色变深的时候关火。

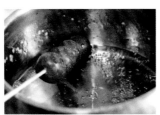

4 将锅子侧过来，将水果放下去转圈裹糖浆，速度要快，尽量做到一次成型。

5 裹好后放于抹过水的干净平面上。放凉后平移提取，直接向上拉是拉不起来的。

记住这些小细节

1. 要选个头均匀的当季新鲜水果。
2. 竹签在超市卖烧烤材料的地方可以买到。小孩子要在大人的看护下吃有竹签的食品，防止他们被竹签戳到。
3. 糖浆少了会裹不均匀，所以必然有部分糖浆会浪费掉。
4. 熬糖水时可用筷子蘸点糖浆放在冷水里激一下，再提起来尝是否变得硬而脆，如果粘牙齿，则需再熬一会儿。

彩色水果捞

水果的变装派对

材料与步骤

各种新鲜水果、新鲜酸奶适量

记住这些小细节

1. 请选用当季的水果。
2. 如果没有挖球器，也可以用刀切、用勺子挖。

1 准备各种新鲜水果。

2 用挖球器将水果挖成球。

3 在水果上淋上新鲜酸奶即可食用。

蒸马蹄

长身体的简单零食

材料与步骤

新鲜马蹄 500 克

1 马蹄洗净，擦去淤泥，摘蒂。

2 入锅隔水蒸 15 分钟即可食用。

晒马蹄干做法：将马蹄洗净、去蒂，晒 1 周左右，变干瘪后就可以当零食吃啦！

记住这些小细节

1. 儿童和发热病人最宜食用。每次 10 个左右即可。

2. 马蹄不宜生吃。因为马蹄生长在泥中，外皮和内部都有可能附着较多的细菌和寄生虫，所以一定要洗净煮透后再吃。

3. 马蹄属于生冷食物，脾肾虚寒和血瘀的人不太适合食用。

芒果西米捞

QQ 弹弹，酸酸甜甜

材料与步骤

西米 50 克，芒果 300 克

1 将芒果、去皮、去核后切小块，准备 300 克果肉，取一半打成浆。

2 煮一锅开水，放入干的大西米，小火煮 5 分钟左右。

3 煮到西米中间还有个小白点的时候关火，闷 3 分钟，捞出浸入冰水中。

4 待西米完全冷却后，沥干水分，加入刚搅拌好的芒果浆，再放上切好的果肉。

记住这些小细节

1. 可加适量蜂蜜、白糖水或者牛奶。
2. 西米不需要提前清洗、浸泡，直接放入开水中即可。
3. 煮西米的时候，水要多，西米要少，每隔几分钟搅拌几下，这样中途就不需要换水，也不会粘锅。
4. 浸入冰水中是为了使西米口感更 Q，更有弹性。

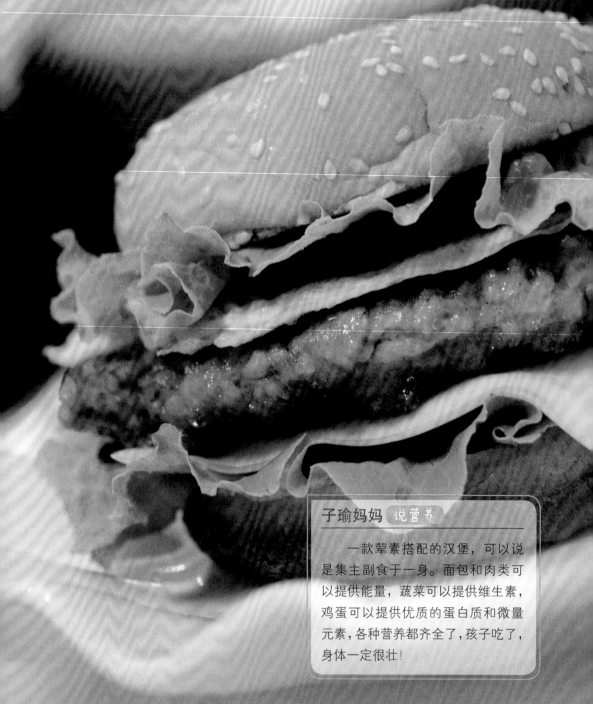

最爱吃的汉堡

吃得饱饱，身体壮壮

子瑜妈妈 说营养

　　一款荤素搭配的汉堡，可以说是集主副食于一身。面包和肉类可以提供能量，蔬菜可以提供维生素，鸡蛋可以提供优质的蛋白质和微量元素，各种营养都齐全了，孩子吃了，身体一定很壮！

材料与步骤

牛排 1 块或者牛肉 100 克，鸡蛋清 1 个，番茄小半个，芝士片 2 片，生菜叶 2 张，汉堡面包坯 1 个，洋葱末少许，料酒、生抽、淀粉、色拉油、沙拉酱适量

1 准备好所有材料。

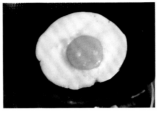

2 煎一个荷包蛋。

3 将汉堡面包坯放入烤箱预热 3 分钟左右，或者用平底锅小火烙至出香味就可以了。

4 将牛肉切末，加入料酒、洋葱末、蛋清、生抽拌匀，再加少许淀粉搅拌上劲。

5 将锅预热，倒油，放入牛肉，按扁成饼状，煎至两面略焦即可出锅。

6 拿起汉堡坯底片，抹上沙拉酱，盖上一层生菜，再抹上一层沙拉酱。

7 依次将所有的材料叠上，再盖上汉堡坯顶部。

8 大功告成。

记住这些小细节

1. 如果觉得切牛肉末很麻烦，可以直接改成煎牛排。
2. 若买不到所有材料，少一样也没关系，也可以根据自己的喜好找其他材料代替。
3. 汉堡坯在超市卖面包的柜台可以买到，没有烤箱可以用平底锅代替。

娃娃饼干

面团里的童趣

材料与步骤

配料：低筋面粉110克，黄油50克，鸡蛋25克，糖粉40克，盐1克，巧克力150克

烘焙：165℃的烤箱，中层，上下火，烤15～20分钟

1 黄油软化后，加入糖粉、盐，用打蛋器打至均匀、顺滑（不需要打发）。

2 蛋液分3次加，搅打均匀。每一次都要待蛋液和黄油融合以后再加下一次。

3 筛入低筋面粉。

4 揉成一个光滑的面团。

5 把面团擀成厚约 0.3 厘米的薄片。

6 用直径 5 厘米的切模切出一个个的圆形面片。

7 用刮片将面片慢慢铲起来。

8 把切出来的面片摆放在烤盘上，送入预热好的烤箱烤制（165℃，中层，上下火）。

9 烤至表面上色即可取出（烤15 ～ 20 分钟）。

10 把巧克力装入干净无水的碗里，用 50℃温水隔水加热，搅拌至完全融化。

11 用巧克力浆蘸出娃娃的头发。依次蘸好所有的饼干，并放在冷却架或者烤网上。

12 把巧克力浆装进裱花袋，在前端剪一个小口，画出娃娃的眼睛、鼻子、嘴巴。

13 待巧克力凝固即可。

记住这些小细节

1. 把面粉和黄油混合揉成面团的时候，不要揉太久，以免面粉起筋影响饼干的酥松性。
2. 如果面团揉好后比较粘手不好擀，可以冷藏一会儿，使面团变得稍硬后再擀。
3. 第一次切完饼干面片后剩下的边角面片，可以重新揉成面团，再次擀开后切片。
4. 融化巧克力时，切记碗中不能溅入水。

切达芝士酥
低糖补钙的饼干

子瑜妈妈 说营养

　　一般说来，10千克鲜奶才能做1千克的芝士，所以说芝士是牛奶的精华。芝士能增强人体对疾病的抵抗力，促进代谢，增加活力，保护眼睛和肌肤。芝士中的乳酸菌及其代谢产物有利于维持人体肠道内正常菌群的稳定和平衡，防治便秘和腹泻。

材料与步骤

配料：低筋面粉135克，切达芝士片90克，黄油70克，糖粉40克，鸡蛋液1大勺（15毫升），盐2克

表面装饰及调味：鸡蛋、纯巴马芝士粉适量　　　　**烘焙**：175℃，上下火，25分钟左右

1 将芝士切成碎条备用。黄油软化后加入糖粉、盐，用打蛋器打发。

2 加入打散的鸡蛋，继续用打蛋器搅打，直到鸡蛋和黄油完全混合。

3 把切碎的芝士片倒入打发好的黄油里，用打蛋器低速搅拌均匀。

4 倒入低筋面粉，将面粉和黄油混合。

5 做成饼干面团。

6 在案板上把饼干面团先搓成长条，再稍稍压扁，切成小段。

7 把小段排放在烤盘上。

8 在每块饼干表面刷一些鸡蛋液，再撒一些纯巴马芝士粉。

9 烤箱预热175℃，上下火，烤制25分钟左右，至表面金黄色即可。

记住这些小细节

1. 切达芝士在大部分超市能买到。
2. 芝士在高温烘焙的时候会有稍微的焦化，所以成品表面会有些斑点。
3. 纯巴马芝士粉在大型超市都可以买到，网上也可以购买。
4. 每家烤箱温度都有所不同，需按自家烤箱实际火力操作。烘焙快结束时请在边上看护，以免烤焦。

喷香猪肉脯

馋嘴零食自己做

记住这些小细节

1. 选择猪肉的精肉部分，这样油脂比较少，也比较适合烤制。可以按自己口味加其他的调味料。

2. 这里提到的烤制时间和火力仅供大家参考，因为每家的烤箱火力都不一样。在烤制的最后时间段要在边上看护，以免烤焦。

3. 中途发现有水析出的时候，可以将烤盘取出，侧过来将水倒掉。注意安全，小心烫手。

4. 肉片一定要擀得厚薄均匀，这样烤的时候受热才会均匀。

材料与步骤

材料：猪里脊肉 400 克，料酒 3 毫升，生抽 5 毫升，鱼露 5 毫升，黑胡椒 1 克，糖 3 克，盐 1 克，芝麻 10 克，蜂蜜 10 毫升，色拉油适量

烘焙：180℃（需提前预热），上下火，中层

1 将猪里脊肉剁成肉末。

2 加入料酒、生抽、鱼露、黑胡椒、糖、盐，用筷子朝一个方向搅打 3 ～ 5 分钟。

3 在案板上铺锡纸，涂上色拉油，倒上肉末，盖一层保鲜膜，用擀面杖将肉末擀平整。

4 将擀好的肉片连同锡纸一起移到烤盘中，将烤盘送入烤箱。

5 烤 15 分钟后取出，将盘子侧过来，倒掉水分，刷上一层蜂蜜，撒上白芝麻。

6 入烤箱继续烤制 20 分钟后，取出烤盘，将肉片翻面，入烤箱继续烤制。

7 烤 20 分钟后再翻面，烤至水分全无、体积严重缩小、肉片变结实即可。

8 最后烤制的几分钟要在边上看护，以免烤焦。烤好后放凉切条即可食用。

子瑜妈妈 说营养

猪里脊肉脂肪含量相对较少，而且肉质较嫩，容易消化。猪里脊肉富含优质蛋白质，可以促进身体健康成长，还可提供血红素铁和半胱氨酸（半胱氨酸可以促进铁的吸收，改善缺铁性贫血）。

电饭煲蛋糕

用电饭煲也能做蛋糕

材料与步骤

鸡蛋4个,低筋面粉90克,白砂糖80克,牛奶60克,色拉油60克

子瑜妈妈 说营养

蛋糕向来热量高,体型偏胖的孩子尽量不要食用。蛋糕的选择,首先要从原料开始。不要选择人造奶油,否则吃到肚子里的可都是反式脂肪酸,得不偿失。可以选择富含维生素的新鲜水果给蛋糕作装饰,不要选择带色素的油或者热量极高的巧克力等。科学地吃蛋糕,其实可以吃得很健康!

1 将蛋白与蛋黄分别放在两个容器中。

2 在蛋白中加入几滴白醋,开始低速打蛋白。

3 当蛋白呈鱼眼泡时,加入20克白砂糖。

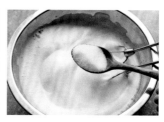

4 继续搅打到蛋白开始变浓稠且呈较粗泡沫时,再加入20克白砂糖。

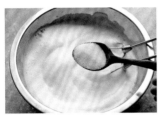

5 继续搅打到蛋白比较浓稠、表面出现纹路的时候，加入剩下的 20 克白砂糖。

6 继续打，当蛋白能拉出弯曲的尖角时，说明已到湿性发泡的程度。

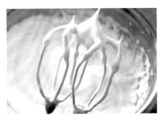

7 继续打，当蛋白能拉出一个短小直立的尖角时，就表明打好啦！

8 在蛋黄中加入 20 克白砂糖。

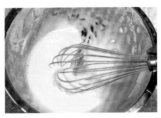

9 将蛋黄糊搅拌均匀。

10 加入色拉油搅拌均匀。

11 加入牛奶，一定要充分搅拌均匀。

12 最后筛入低筋面粉。

13 切拌均匀就可以了。

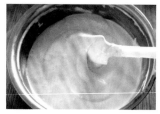

14 取 1/3 蛋白糊拌入蛋黄糊中。再取 1/3 蛋白糊拌入蛋黄糊。拌匀后将剩下的 1/3 蛋白糊拌入。

15 在电饭煲内胆内壁抹一层薄薄的油，倒入蛋糕糊，抹平或晃动锅胆使其平整。按下"蛋糕键"，开始烘蛋糕。

16 往蛋糕中插牙签检测是否熟透。

17 稍放凉后倒扣出蛋糕。朝上的一面在锅里的时候是底部，呈金黄色。

记住这些小细节

1. 分离的蛋白中不要混入蛋黄。盛蛋白的盆要保证无油、无水。

2. 打蛋白一开始要低速，慢慢地变成高速，这样可以更好地打发。打发前要检查一下打蛋器上有没有沾水，有水肯定打发不了。

3. 如果没有打蛋器，可以用 3 根筷子代替，但会非常辛苦，整个过程大概需要 20 分钟。

4. 两种面糊拌在一起的时候不要转圈圈，否则会消泡。上下、左右、前后拌就可以了。

5. 面粉一定要过筛，不然会有大颗粒。

6. 蛋糕糊倒入蛋糕模具时，轻扣几下，可以排出面糊里的气体。

7. 一定要选择有"蛋糕键"的电饭煲，否则会损伤电饭煲。

鲜肉酥饼
酥酥的美味

一、制作榨菜鲜肉馅

材料：榨菜头 1 个（约 120 克），五花肉末约 500 克，鸡蛋 1 个（可不放），盐、料酒、五香粉适量

分量：大约可以做 24 个月饼

1 将所有材料混合，搅拌均匀。

二、制作油皮和油酥

油皮材料：140 克中筋面粉，50 克猪油，55 克清水

油酥材料：110 克低筋面粉，55 克猪油

分量：12 个

2 将油皮的材料混合，揉成面团，盖上保鲜膜，醒 15 分钟。

3 将油酥的材料混合，揉成面团，盖上保鲜膜，醒 15 分钟。

4 将油皮的面团搓成长条，分成 12 等份，将每个小剂子搓圆。将油酥的面团也搓成长条，分成 12 等份，将每个小剂子搓圆。

5 取一油皮的小剂子按扁，放上一颗油酥小剂子，完整地包起来，收口朝下放，依次将 12 个全部做好。

6 取一包好的小面团，收口朝下放置，用手按扁，然后用擀面杖擀成长约 12 厘米的椭圆形面片，将其卷起来。依次将 12 个全部卷好，盖上一层保鲜膜，醒 10 分钟。

7 将醒好的面团卷按扁，用擀面杖擀成长约 15 厘米的长条型面片，宽 3 ～ 4 厘米。将其卷起来，收尾朝下放置，盖上一层保鲜膜，再次醒 10 分钟。

8 将醒好的面团卷拿在手中，收尾处朝上放，大拇指按住收尾处，并使劲按下，将两头往中间挤，将收口捏拢，并搓圆，收口朝下放置，依次将 12 个做好。

三、包酥饼和烘焙

9 将包好的小面团按扁，然后用擀面杖擀成圆片，放上榨菜鲜肉馅，包起来收口朝下放置。

10 依次将 12 个全部做好，烤箱预热 170℃，上下火，中层烤 35 分钟（这里的时间和烤箱温度仅供参考）。最后 5 分钟最好在边上看着，注意上色情况，会有浓郁的酥饼香气飘出。若觉得上色不够，可以将温度升到 180℃烘焙一下。

神奇铜锣烧

材料与步骤

鸡蛋 2 个，低筋面粉 150 克，白砂糖 40 克，泡打粉 1 克，无气味色拉油 10 克（也可用融化的黄油），蜂蜜 10 克，水 30 ～ 50 克

1 将蛋打成蛋液，加入白砂糖，继续打匀，再加入色拉油打匀，最后加入蜂蜜打匀。

2 筛入低筋面粉和泡打粉，切拌成均匀的面糊。

3 加入 30 ～ 50 克清水调稀面糊，调整到面糊可以自然垂滴，太干太稀都不合适。

4 准备一平底锅，开小火，兜入一勺面糊。

5 慢慢烘熟，你会看到面糊开始膨起，开始有气泡。

6 看到面糊基本成熟，有明显气孔时，将它翻面。

7 再烘一会儿就可以出锅了。

8 也可以利用心形模具来摊。

9 取豆沙抹在面饼中间，将两个面饼盖在一起，完成！

蔓越莓饼干

酸酸甜甜小饼干

材料与步骤

饼干材料：低筋面粉 370 克，黄油 210 克，蛋液 100 克，蔓越莓干 110 克，糖粉 100 克

烘焙：170℃，中层，上下火，15 分钟

1 准备好材料。

2 在软化的黄油中加入糖粉，用打蛋器打至黄油颜色变浅，体积变膨胀。

3 分 4 次加入蛋液，每次加入后充分搅拌均匀再加入下一次蛋液。

4 加入蔓越莓干搅拌均匀后，加入低筋面粉搅拌均匀。

5 用刮刀将面团搅拌成团。

6 将面团装入保鲜袋，擀平整（也可用方形模具整形）。

7 冷藏 1 ~ 2 小时将面团冻硬，取出切成条。

8 再切成片，每片约 6 克重。

9 将饼干坯平铺在烤盘上，送入预热好的烤箱。170℃，中层，上下火，烤 15 分钟。

记住这些小细节

1. 饼干的大小直接决定烘烤的时间，大家可以根据实际情况进行调整。

2. 很多烤箱的温度可能不太稳定，大家一定要看情况调整自己的烤箱温度哦。

记住这些小细节

1. 如果烤箱有热风循环功能，赶紧开起来，可以节省烘烤的时间。
2. 一定要记得是低温烘烤，温度高了容易变硬变焦黑。

胡萝卜干

换种方法吃胡萝卜

材料与步骤

胡萝卜5根，冰糖50克

1 将胡萝卜去皮，切同等厚度的薄片。

2 将胡萝卜和冰糖倒入锅中，加入200毫升清水。

3 大火烧开，改中小火将水煮干，让胡萝卜将糖分充分吸收，煮25～35分钟。

4 将胡萝卜捞出，用漏勺完全沥干水分。

5 将胡萝卜片平铺在烤盘上，入烤箱中层，120℃烤90分钟。

6 胡萝卜干就烤好了。

黄桃罐头

水果罐头自己做

材料与步骤

不甜的黄桃肉 500 克（3～4 个），
冰糖 70～90 克，清水 1 升

1　黄桃切小块，放入锅中，加入冰糖，加入清水。

2　大火烧开后撇去浮沫，小火炖 20～30 分钟，趁热装入密封瓶子中，倒扣放凉，冷藏保存即可。

米奇花生酱饼干

我们大家都爱米奇

材料与步骤

材料：低筋面粉 125 克，黄油 60 克，糖粉 45 克，蛋液 10 克，花生酱 40 克

烘焙：165℃，15 分钟，中层，上下火（烤箱温度时间仅供参考）

1 将黄油切成小块，室温软化至手指轻轻一按便戳出一个洞。

2 将黄油用打蛋器打到颜色略变浅，质感顺滑，体积略蓬松，加入糖粉继续搅打。

3 打至体积略蓬松，质感顺滑，颜色略变浅，加入蛋液继续搅打。打到蛋液与黄油、糖粉完全融合，质感顺滑。

4 加入花生酱继续搅打。打到花生酱与黄油完全融合，质感顺滑细腻，加入过筛的低筋面粉。

5 用橡皮刮刀切拌均匀后揉成面团，不要过分揉捏，成团即可，以免饼干发硬。

6 在案板上包上 1 层保鲜膜，放上面团，用擀面杖擀成厚约 0.3 厘米的薄片。

7 用米奇米妮饼干模型切出饼干生坯。

8 烤盘上铺好烤盘纸，将饼干模具直接提放到烤盘上，然后再脱模。将所有的饼干做好。

9 送入预热的烤箱，165℃，中层，上下火，15 分钟，烤箱温度及时间仅供参考。

10 在烘焙快要结束时记得在边上看护，以免将饼干烤焦。

特别提醒

这是高糖高热量食品，偶尔尝试就可以了哦，肥胖儿童或有糖尿病倾向的儿童要慎食。

芝麻核桃牛轧糖

甜蜜的童年记忆

材料与步骤

白棉花糖 180 克，奶粉 100 克，黄油 50 克，熟的黑芝麻 30 克（将生芝麻放入烤箱中层，上下火，150℃烘约 15 分钟至全熟），熟的核桃仁 100 克（将生核桃仁入烤箱或微波炉烘熟）

1 准备好所有材料，熟核桃仁切碎，去薄衣。

2 将黄油放入不粘锅中融化，倒入棉花糖搅拌至完全融合（用小火哦），倒入奶粉。

3 搅拌均匀，关火。

4 快速倒入核桃仁碎和芝麻。

5 用力拌匀，因为是不粘锅，有点难翻动，只要使劲按压几次至基本混合即可。

6 倒在油纸上，如果之前混合得不够均匀，这时可以戴上一次性手套，再揉捏几次。

7 盖上一层油纸，用擀面杖擀平整（厚约 1 厘米）。

8 凉至基本冷却（就是还有点软的状态）。

9 切成宽约 1 厘米、长约 5 厘米的糖块，包上糖纸即可。

特别提醒

果酱为高热量食品，请适量食用哦，肥胖儿童或有糖尿病倾向的儿童要尽量少吃。

樱桃酱

面包健康好搭档

材料与步骤

樱桃 2 千克，冰糖 100 克

1 将樱桃洗净，去蒂，倒入锅中，加入冰糖，再加入樱桃一半高度的清水。

2 开大火煮开樱桃，中间用铲子不停搅动。

3 转小火煮 30 分钟左右，此时樱桃已经软烂，准备大缝隙漏勺和蛋抽去核。

4 用蛋抽转圈碾压过滤出樱桃核，撇去浮沫，大火边搅拌边煮约 10 分钟。

5 看到酱很浓稠了即可关火，趁热装入干净的果酱瓶中。

6 盖好盖子立即倒扣，完全冷却后冷藏保存即可，随取随吃。

记住这些小细节

1. 果酱瓶我是网购的，买来后在热水里煮一下，倒扣晾干。注意一定要保证足够卫生。
2. 煮樱桃酱时还可以放适量的柠檬汁、麦芽糖等，可以增稠、增甜、增加保质期，大家可按照自己的喜好添加，我个人比较喜欢什么都不放，保持原汁原味。
3. 果酱一般密封状态下可冷藏保存半个月，开封后请尽快食用，随时观察是否变质。
4. 应选择砂锅、不锈钢锅等来熬樱桃酱，不要选择铁锅哦。
5. 冰糖可以用白砂糖替换，但两者在口感、功效上略有差别。另外，糖的量也可以按自己的口味调整。
6. 樱桃核不一定要按我的方法过滤，如果不嫌麻烦，可以在洗樱桃时对半切开去核。

天鹅泡芙

材料与步骤

低筋面粉 65 克，全蛋液 75 克，黄油 50 克，盐 1 克，细砂糖 5 克，牛奶 60 克，水 60 克

1 准备好材料。

2 将黄油、牛奶、水、盐、糖倒入锅中，边加热边搅拌，煮开后离火。

3 加入过筛后的低筋面粉，搅拌均匀。

4 将锅子移到小火上继续搅拌，收干水分。

5 感觉面糊在锅底有层薄膜即可离火。

6 略微放凉后分 3 次淋入蛋液，每次都要搅拌至吸收完全后再加下一次蛋液。

7 搅拌至顺滑。

8 搅拌至提起铲子面糊可以呈非常缓慢流下状态即可。

9 将面糊装入 2 个裱花袋，一个装少量面糊，口子直径为 2～3 毫米；另一个装大量面糊，口子直径约 5 毫米。

10 准备两个烤盘，铺上烤盘纸。先用装大量面糊的裱花袋挤出水滴状面糊。

11 再在另一个盘里用装少量面糊的裱花袋挤出天鹅脖子。

12 将水滴状面糊送入预热好的烤箱，210℃烤15分钟后再180℃烤10分钟。

13 烤制快结束时要注意观察面团上色情况，烤好后取出，放烤架上放凉。

14 将天鹅脖子状面团放入预热好的烤箱，175℃烤5分钟（要观察上色情况）。

15 放凉后在泡芙上平行切下一个盖子，再将盖子切成两半作为天鹅的翅膀。

16 在泡芙中填入馅。

17 最后插上翅膀和天鹅脖子就完成啦（插得随意点，自己觉得好看就行）。

香草冰淇淋

懒人冰淇淋做法

材料与步骤

淡奶油 250 克，纯牛奶 500 克，细砂糖 60 克，香草荚 1/2 根

1 准备好材料。

2 将香草子刮下。

3 将所有材料拌匀（香草子、砂糖可先和牛奶在锅里煮一下，待冷却后再和奶油混合搅拌，会更香醇）。

4 将冰淇淋液送入冰箱冷冻 2 小时，基本成固态后用电动打蛋器打。

5 打至体积膨胀起来。

6 送入冰箱继续冷冻变硬就可以挖球吃啦！

芒果颗粒冰淇淋

芒果香甜凉丝丝

记住这些小细节

1. 奶油的加入可以使得冰淇淋霜更香浓、细滑、轻盈。

2. 使用冰淇淋桶时请注意,使用之前必须冷冻一个晚上以上,从冰箱取出来后要立即使用,不要耽搁。

3. 冰淇淋为高热量并且冰冷的食物,小孩子偶尔吃一次就可以了,贪吃容易伤肠胃。

4. 有冰淇淋机的人,可以直接启动冰淇淋机,这里我就不多说了。没有冰淇淋机也没有我这款带冰淇淋功能的面包机的人,可以用打蛋器手动制作。详细操作步骤为:将做好的冰淇淋液放入冰箱冷冻仓冷冻,1小时后取出,用打蛋器打3分钟,再次入冰箱冷冻,1小时后再次取出,用打蛋器打3分钟,反复3～5次,直至冰淇淋体积膨大并变成柔软的固态即可。

材料与步骤

材料：芒果肉 200 克，淡奶油 160 克，牛奶 200 克，白砂糖 40 克

准备：冰淇淋桶提前在冰箱冷冻 1 晚

1 将芒果、去皮、去核后切小块，准备约 200 克果肉。

2 将牛奶、淡奶油从冰箱冷藏室取出（必须预先冷藏哦）。

3 将芒果、白砂糖、牛奶、淡奶油全部倒进搅拌机。

4 用搅拌机搅拌成浆。

5 取出预先冷冻的冰淇淋桶，装入搅拌刀，将冰淇淋糊立即倒入冰淇淋桶。

6 盖好盖子，立即放入配套的面包机内，启动冰淇淋键，设置 30 分钟。

7 搅拌好的冰淇淋。

8 装入可冷冻的盆中，加入芒果颗粒拌匀，再冷冻至完全冻硬即可！

甜甜圈

香甜酥脆的圈圈

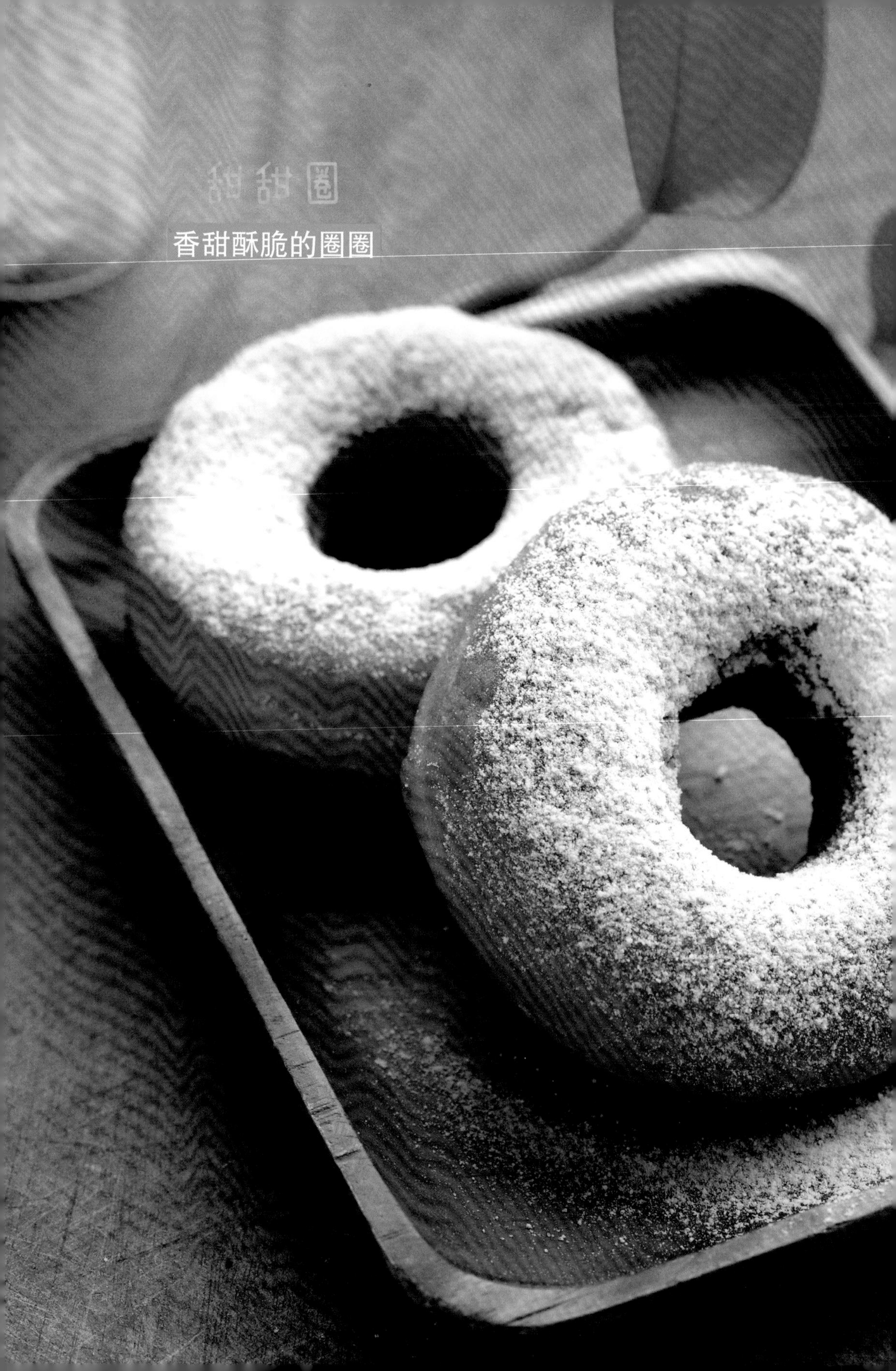

高筋面粉 300 克，糖粉 30 克，盐 2 克，酵母 3 克，黄油 20 克，蛋液 50 克，牛奶 150 克

1 备好材料。将蛋液、牛奶、糖粉、盐倒入面包机，再加入面粉，在面粉顶上放上酵母。

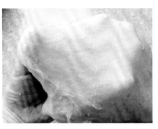

2 和面 15 分钟，然后加入黄油再和面 20 分钟至拉出粗膜。

3 用面包机将面团发酵 30 分钟至 4 ～ 5 倍大，也可以放盆里，盖好放发酵箱或烤箱里发酵。

4 案板上撒干面粉，排空发酵面团气体，擀平整至约 0.8 厘米厚。

5 用甜甜圈模按下甜甜圈生坯。

6 将甜甜圈生坯放在撒了粉的烤盘上。

7 放上一碗热水，送入烤箱 40℃发酵 25 分钟。

8 发酵至体积 2 ～ 3 倍大（也可以用其他发酵方法）。

9 油锅烧至五成热，约 120℃，放入甜甜圈。

10 炸至甜甜圈双面金黄即可出锅。

11 彻底放凉后可以撒糖粉装饰，或者可以蘸巧克力酱、撒果仁等。

牛奶布丁

奶香浓郁，口感香醇

雀巢鹰唛炼奶 60 克，纯牛奶 200 克，全蛋液（3 个鸡蛋）150 克，柠檬汁 5 克

1 将蛋打入盆中，加入柠檬汁，充分搅拌均匀。

2 取两大勺炼奶，将炼奶加入蛋液中，搅拌均匀。

3 加入牛奶，搅拌均匀。

4 将牛奶蛋液用筛网过滤2次。

5 装入耐高温的布丁瓶中。

6 烤盘中注水，要选择深烤盘哦。

7 水的高度最好与瓶里的液体高度一致，这样烤出来的布丁较嫩，不会有气泡。

8 入预热好的烤箱，150℃ 30～35分钟，中层，上下火。

9 冷却后加盖，送入冰箱冷藏，冷藏之后更美味哦！

记住这些小细节

1. 低温 150℃烤 + 高位注水，可以保证烤好后的布丁不起泡泡。

2. 可按自己的喜好做出其他口味哦，吃的时候也可以在布丁上装饰水果。

3. 鸡蛋、牛奶过敏人群请谨慎食用哦！

4. 烤好后可以推一下瓶子，看看里面的液体是否还会晃动，不晃动即可出炉。略有轻微晃动的话，可以在烤箱的水烤盘里再焐上 20 分钟再出炉。

山药枣泥饼

软软糯糯，甜而不腻

材料与步骤

山药泥 500 克，熟糯米粉 50 ～ 100 克，枣泥 400 克

1 先把山药去皮蒸熟，压成泥，加入适量熟糯米粉和成山药泥面团。

2 红枣蒸熟去皮、去核压成泥，再入锅将泥炒得干一点，放凉备用。

3 准备好 50 克月饼模。取 30 克山药泥面团放在手心，按扁，包入 20 克红枣泥，搓成圆球。

4 裹上一层熟糯米粉，入月饼模按压成型即可。

特别提醒

虽然不加水、油，但有100克糖在里面，热量蛮高的，浅尝即可哦。

纸杯蛋糕

可爱小巧的小食

材料与步骤

鸡蛋 5 ～ 8 个（蛋黄 100 克，蛋白 200 克），白砂糖 100 克，低筋面粉 120 克，柠檬汁 10
毫升，核桃仁碎 50 克

1 将蛋打入盆中，加入糖和柠檬汁，用打蛋器高速打至体积膨胀 4 ～ 5 倍，且提起蛋抽后有清
晰的纹路。

2 边筛入低筋面粉边用刮刀拌匀面糊。将面糊分装入小纸杯中，每个约八分满（纸杯直径约 5
厘米）。

3 表面撒上核桃仁碎。送入预热好的烤箱中层，上下火 165℃，30 分钟。

记住这些小细节

1. 面糊很稳定，不容易消泡，放心大胆地制作吧！
2. 核桃仁也可以拌入面糊中，我这里只在表面撒了一点。
3. 糖量不建议再减少，这款蛋糕吃起来并不是很甜。

彩色棒棒糖花卷

创意花卷做法

材料与步骤

白面团材料：普通面粉 160 克，清水 80 克，酵母 1.6 克

菠菜面团材料：普通面粉 160 克，菠菜汁 80 克，酵母 1.6 克

紫甘蓝面团材料：普通面粉 160 克，紫甘蓝汁 80 克，酵母 1.6 克

1 将各种蔬菜利用原汁机或者榨汁机分离出纯菜汁。

2 以菠菜汁为例，将酵母溶在菠菜汁中，冲入面粉后搅拌成面絮，揉成光滑面团。

3 依次做好所有颜色的面团，盖上保鲜膜醒发一段时间。

4 醒发至面团 2 倍大即可。

5 紫色面团排空气体，反复揉成光滑面团。取 30 克搓成细长条，依样再做一根白色的。

6 将紫色长条和白色长条扭在一起。

7 再盘成圆盘棒棒糖状。依次做好多个棒棒糖花卷。

8 在蒸架上刷一层油，放上花卷醒 15 分钟，大火蒸 15 分钟后焖 5 分钟即可。

"宝贝爱吃饭" 照片墙

亲爱的宝贝，最喜欢看你乖乖吃饭的模样！

妈妈：@ 小岚之家

亲爱的泡泡小朋友，爸爸妈妈希望你能一直健康、快乐、平安地成长！我们爱你，宝贝！

妈妈：@ 只爱 ANDY

丑妹，妈妈爸爸好爱你，你就是妈妈爸爸的天使宝贝，妈妈爸爸愿意和你一起成长。愿我们的天使平安、健康、快乐每一天。

妈妈：@ 芸美荟

亘豪宝贝，妈妈用心在给你做的一餐一饭中都融入了对你无尽的爱意。喜欢看着你每次吃得香喷喷的可爱小模样，愿你能在爸爸妈妈的呵护下健康成长每一天。

妈妈：@ 潇湘兔 _bunny

宝贝女儿了了，谢谢你来了，让我们的生活变得如此美好，愿你在爱的浇灌下茁壮成长，我们会一直陪着你、爱你。

妈妈：@ 嘴你夫人

希望大帝快快长大，健康快乐！大帝爱吃饭，身体才棒棒！